JN195925

数字に騙されないための
10の視点

統計的な?

STATISTICAL

スタティスティカル

アンソニー・ルーベン
Anthony Reuben
田畑あや子＝訳

すばる舎リンケージ

装幀／遠藤陽一（デザインワークショップジン）

序論：最強の疑問

　どんなにがんばっても統計から逃れることはできない。新聞を開いて、数字をもとにした最初の記事を見つけるまでにどれくらいかかるだろう。それは、アメリカ大統領をどう思うかについての世論調査かもしれないし、賃金の動向を示す最新の数字かもしれない。国内の記録を更新するような気温になっているという話かもしれないし、国民保健サービスにはもっと資金が必要だとトップが訴えている話かもしれない。そういう記事が毎日出ている。

　ニュースだけではない。あなたが勤める会社が男女の賃金格差を明らかにしているかもしれないし、子供の学校から今年度の財政的支援について連絡が入るかもしれない。友人同士が、史上最高のクリケットの打者は誰かとか、ガソリン車かディーゼル車のどちらを買うべきかについて、話しあっているかもしれない。あなた自身も、どういうローンを選ぶべきか、あるいは単純にきょうは傘を持っていくべきかどうかを考えているかもしれない。

　あらゆる場所に数字はあり、そのすべてが信用できるものとはかぎらない。ソーシャルメディアで見たばかりの数字は、とても魅力的で、ちゃんとした事実に思え、友だちとの議論であなたの立場を支持してくれるように感じる。賃金上昇率はナポレオン戦争以来最悪だという主張を見る。それは本当だろうか。それに公正な比較なのだろうか。統計を人に伝えるまえには、それを疑い、どこから来たものなのか少し先まで見る必要がある。

残念ながら、多くの人は自分が読んだ数字を疑うだけの自信を持っていない。あなたは持っているだろうか。ジャーナリスト、それもかなり優秀な人でさえ、統計に関しては自信がなく、普通ならあらゆる根拠について調査するはずなのに、統計については調べようとはしない。政治家も、学者も、あらゆる職種の人が、目の前の数字がどのようにして出されたのか、解釈したり、理解したりすることが苦手だ。大臣へのブリーフィングの準備に困り果てている研究者や、統計的議論をわかりやすい方法で理解してもらおうとしている司会者の姿を見る。異論を示されたときには、われわれはかなり批判的になるが、ラジオで聞いたことや新聞で読んだことに対しては自信を持って疑問を持つ人々が、ニュースのなかの数字に対しては疑うことなく喜んで受けいれ、そのまま進んでいく。通常はひねくれた人が、調査結果を読むと、それが確固たるものであるかどうかを考えることもなく、シェアボタンを押してしまう。

そうなってしまう理由の一部は、数字が苦手だということが、言葉が苦手だというよりも受けいれられやすいからだろう。同僚や友人から数字嫌いだと聞いたことは数えきれないくらいあるが、単語が書けないとか、文章をつくれないと打ちあけられることはまずない。ある種の仕事を数字ができる人（会計士やロケット科学者や保険数理士）のためのものと考え、それ以外の仕事をしている人はまったく数字に対処できなくてもかまわないと思っている。私の経験では、数字によるミスは、たいていは数字そのものではなく、それを説明する言葉によるものだ。だからこれはあなたにとってはいいニュースで、訂正するのがずっと楽になる。人は数字よりは言葉にずっと自信を持っているのだから。

しかし、数字に対する自信の欠如が問題なのは、世のなかには疑わしい数字が多くあり、簡単に誤った方向に導かれてしまうからだ。そのなかには、故意に誤解させ、主張を人為的に強固にするために出されたものもあるが、たまたま誤解を招くことになったものもある。その数字を出した人物に確認するだけの自信や知識がなかったためだ。そして、話に権威を持たせるために入れられただけの数字もある。

データを理解していなければ、自分の国で何が起こっているのかを追っていくのはかなり難しい。少なくとも大まかな数字でもいいので、人口や失業者の数、毎年国内に入ってくる移民や出ていく人の数がわかっていなければ、政治的議論の多くは無意味なものになる。首相の質問時間に、首相が犯罪率が低下していると言っているのに、なぜ野党は犯罪率が上昇していると言っているのだろうと思った人がいるかもしれない。まったく違う二つの犯罪統計があるのだとわかれば、そんな困惑もなくなるだろう。片方はアンケート調査に基づいたもので、片方は警察に記録された犯罪に基づいている。野党の党首が公共サービスは深刻な資金不足だと言えば、首相はこれまでで最大の資金を受けとっていると言う。これまでで最大の資金というのは普通のことで、そうでなければサービスは人口増加とインフレに対応できないことを知っていなければならない。

統計を恐れる必要はない。四則計算ができれば、必要なツールはほとんどすでに持っているので、自分のまわりのあらゆる数字に疑いを抱くことができる。そして本書では、頭のなかで警報が鳴った物事に対処するために必要な、それ以外のツールを紹介する。

たとえば、二〇一八年のイギリスでのプラスチック消費に関する報告だ。プラスチックごみに関するもっともな懸念、それは二〇一七年末のデイヴィッド・アッテンボローの〈Blue Planet II〉によって火がついたものだが、それによって、政府は使い捨てのプラスチック・ストローを禁止すべきかどうかという議論を開始した。イギリスでは年間四二〇億本の使い捨てプラスチック・ストローが消費されているという調査が示された。市場調査にはあらゆる種類の興味深い参考資料があり、各国の経済産出量のレベルによって、EUの数字が分けられている。統計をチェックしたいと思っても、それを再現するのにはかなりの時間がかかり、非常に手ごわい仕事になる。もちろん、イギリスで大量のストローが使われているのはわかっているし、それがかなり大きな数字になるのは確かなので、そのままシェアすればいいじゃないかと思ってしまうだろう。

STATISTICAL

序論：最強の疑問

それはだめだ。単純にストローの数をイギリスの人口（六五〇〇万人余り）で割れば、イギリス人が一年に約六五〇本のストローを消費していると報告していることになる。一日にほぼ二本だ。うちの子供たちはプラスチック・ストローをかなり使っていたので、再利用できるシリコンのストローを買ったくらいだが、それでも年に六五〇本も使うのは大変だっただろう。だからといって、政策が間違っているとか、使い捨てのプラスチックを心配する必要がないと言っているわけではない。疑わしい統計資料は環境保護のメッセージから注意をそらしてしまうのだ。

主張の裏にある方法論を読み解く努力をしなくても、信じるべきかどうかについては確固たる結論を得ることができる。それが本書のテーマだ。

この本では、一人あたり何本のストローになるのかといったシンプルな疑問にたどりつく方法を一〇章に分けてお伝えする。これによって、苦労しなくても数字に疑いを持てるようになるはずだ。鍵となるのは、数字に疑いを持ったら、データに取り組むまえに、毎回一つの疑問を持つことだ。これは本書の読者への最大のギフトで、書店で序論を流し読みしている人たちにも与えられる。ジャーナリズムにおける最強の疑問だ。

それは、政治家や重役たちに「辞めるんですか」と訊くような疑問ではない。それも良い質問になる場合があるが、ニュースを見たり聞いたり読んだりするたびに自分に問いかけるこの質問ほどの力はない。

では、お見せしよう。ファンファーレで迎えてほしい。

〝これは真実だとしたら理にかなっているだろうか〟

父に教えられた疑問だ。父は科学者で、私の宿題をチェックするときにこの疑問を使っていた。戻ってまた計算しなおす必要はない。もともとの質問を見て、自分がこうあるべきだと思う数を概算するだけで、自分の回答が的外れではないかを確認することができる。

これは数字に疑問を投げかけようとする場合にとても大切な力だ。多くの人が数字を恐れるのは、小数点以下三桁まで正しく出すことも自分の責任だと思っているからだ。もともとの調査をして、その数字を出した本人でないかぎり、そんな必要はない。何を信じるか、もっと調べてみるかを決めようとしているときには、それがおおよそのところで正しいことを知る必要がある。

最強の疑問がとても便利なのは、何かが真実だとしたら理にかなっているかどうかを確認するために使える数字は、自分で調査をする場合に使わなければならない確固としたものでなくてもいいということだ。インターネットで見つけた古い情報を使ってもいいし、パブで誰かから聞いたことや、頭のなかにぼんやりあった考えを使ってもいい。その考えは、数字が疑わしいかどうか、そしてそれをもっと調べるべきか、専門家の助けを求めるべきかを決めるためだけに使われる。

悪名高い二〇一〇年六月のデイリー・テレグラフ紙の見出しを例にとってみよう。「公的年金は年四〇〇〇ポンドの負担になる」というものだった。記事の内容は、公的年金支払いのためにかかるコストが、今後五年間でイギリスの一世帯あたり年四〇〇〇ポンドに上昇するというものだった。

それが真実だとしたら理にかなっているかどうかを知るためにはどうしたらいいだろう。厳密に正しいかどうかを知りたければ、公的年金の総額を調べて、それを世帯数で割る必要があるが、どちらの数字もすぐに思いつくようなら、この本を読む必要はないだろう。

それよりも良い方法は、平均的世帯の年収を合理的に見積もってみることだろう。自分の家庭の年収について考えてみてもいいかもしれない。ものすごく裕福か、並外れて貧乏でないかぎりは。

これにはさまざまな数字が使われるだろうが、二万七〇〇〇ポンドくらいならば、的外れではない。

次はその年収に対してどれだけの税金を払っているかだ。これは正確に出すことができるだろうが、このタイプの収入の場合、課税されずに得ることが許されている金額もあるし、所得税と国民保険を合わせると約二〇パーセントになることを考慮に入れなければならない。だが、それよりも少し多かったり少なかったりしても問題ない。大事なのは、そこから出てくる数字が、劇的に四〇〇〇ポンド以上の税金にはならないことだ。したがって、各世帯からそれだけの金額が公的年金に支払われているとすれば、国民健康保険や学校や政府が資金を必要としているその他のサービスに誰がお金を払っているのかを確認しなければならなくなる。

明確な結論は、この数字が真実だとしたら理にかなっていないということだ。そして実際、後日テレグラフ紙はウェブサイトの見出しを「公的年金は年四〇〇ポンドの負担に」と変更した。

ごく基本的な算数、ある数字を別の数字で割って、パーセンテージを使えば、それが正確に近いものかどうかは簡単にわかる。

そこには計算しなければならないものもほとんどなく、難しい数学の考えかたも必要ない。正しいタイミングで鳴る警報が聞こえるかぎり、正当な疑問を持ってその話を取り扱うことができるし、必要であれば専門家の助けを求めることもできる。何かの危険が高まっているとか、経済が破綻すると脅すような話にもう怯える必要はない。最強の疑問で武装していれば、疑わしい統計や偽りの主張によって判断を誤ることなく、自由に生きていくことができる。

STATISTICAL

序論：最強の疑問

先日の朝、玄関を出たら雨が降っていた。すぐになかに戻ってレインコートを着ようかと思ったのだが、スマートフォンの天気予報アプリを見たら、降水確率は〇パーセントだった。それでそのまま雨のなか公園を歩いていって濡れてしまった。最強の疑問を持つだけの自信があれば、濡れずにすんだのに。

判断を誤るとか、雨に濡れないということだけではない。同僚や友人が語る統計に疑問を呈する自信がつくのは楽しいことでもある。競争の激しい求人市場では、報告書の数字に疑問を呈する人間になれば、トップに躍り出ることもできるだろう。私は自分のことを数字学者だと言っているが、あなたもグループ内の数字学者になれる。それはとても楽しいことだし、とても充足感のあるものだ。

私自身も自分よりものすごく数字の専門知識を持った人たちのなかで必死になっている。BBCの統計部門のトップだったとき、世界的な統計局をつくるべきかどうかを話しあうオックスフォードでの一日かぎりの会議に招待された。到着すると、招待されていた二〇人の出席者は、私以外はすべて、国家統計局のトップだったり、教授だったり、爵位を持っていたり、ノーベル賞受賞者だとわかった。私は単なる数合わせだったのだろうが、そのような場では普通は冷たい目で見られる。みなが着席して自己紹介をする段になると、重要人物ほど少ない言葉ですむことがわかった。「コロンビアのジョーです」と言えば、誰もがノーベル賞を受賞した経済学者のジョセフ・スティグリッツだとわかる。私は「ＢＢＣのアンソニーです」と自己紹介し、「すべてのユーザーを代表して参加しています」とつけ加えた。

本書もすべてのユーザーのために書いた。特に不本意なユーザーのために。われわれは好むと好まざるにかかわらず、みな統計のユーザーであり、全員が自分の聞いた数字に疑問を呈するだけの自信を持つ必要がある。私がこの本を書いたのは、日々目にする数字に疑問を持つために必要なスキルはすでに身に着けていることを伝えるためだ。

目次

第三章　コスト

第四章　パーセンテージ

第五章　平均

第六章　大きな数字

第七章　相関関係と因果関係

第八章　危険なフレーズ

第九章　リスクと不確実性

第十章　経済モデル

第一章 アンケート調査

STATISTICAL

無実が証明されるまでは有罪

新聞を開いて、アンケート調査に基づいた記事が一つもないということはないだろう。私に届くEメールはすべてアンケート調査に基づいたものだ。メールの中身は、イギリスの労働者が何を考えているのか、ビジネス・リーダーたちが何を考えているのか、特定の国ではどういう動物がいちばん人気なのかといったものだ。

まえもって言っておく。アンケート調査というのは無実が証明されるまでは有罪と見なされるべきだと私は思っている。

しかし、アンケート調査は幅広く信頼されている。なかには信じられないくらい間違っているものもあり、正直には語らないと思われる問題に関してたった七人の意見をもとにしている調査まである。そうでないものなら入手可能な最善の数字であり、難しい問題に対する洞察力を与えてくれる。

イギリスでもっとも注目を浴びる公式統計は月例の失業者数で、これは大規模なアンケート調査をもとにしている。アメリカの労働統計局はさらに規模の大きな調査をおこなっている。大切なのは、どの調査を信じ、どれを拒否するかを見極められることだ。国民の考えについての大規模な調査を信じるか信じないかは、非常に重要だ。

これまでで私がいちばん気に入っている疑わしい調査では、「土曜の夜に自宅に人を呼ぶと、ホストは平均で最高一一八・二九ポンドの負担になる」と主張していた。〝平均〟と〝最高〟が並んで書かれていることからしても、まったく意味のない数字だとわかる。さらに、妙に細かい数字にも注目してほしい。ここから断言できるのは、そのあとに書かれていることを考えても、理にかなっていないということだ。

この数字は、(明らかに女性と思われる)人が、〈ストリクトリー・カム・ダンシング〉や〈Xファクター〉をいっしょに観るために四人の客を招き、軽食を用意するという前提で出されたものだ。一人あたりの費用が、アルコールに一一・二四ポンド、テイクアウトの料理に一〇・九二ポンド、スナックに六・二三ポンド(かなりのフライドポテトとディップだ)、ソフトドリンクに六・三二ポンド。ソフトドリンクの値段が特に高いように思われる。これだけの値段だったら炭酸飲料が八リットルほど買えるので、ものすごく喉が渇いている人でもすっかり癒されるだろう。とりわけ、すでに缶ビール八本かワインを一、二本飲んだあとだったらなおさらだ。

だが、私がいちばん気に入っているのはテイクアウト料理の費用で、プレスリリースには、ここで使われた方法論も入っていたからだ。これは、カーディフとロンドンとマンチェスターの中華料理店、ファイフとノッティンガムとボーンマスのインド料理店で四人分のセットメニューを頼んだ場合の値段を調べた〝机上調査〟をもとにしているのだ。

だが、この調査のいちばんの部分を最後に取っておいた。

それは、女性の五五パーセントがテレビの前で着るために新しい服を買うという理論だ。〈Xファクター〉のあでやかな審査員や〈ストリクトリー〉のエキゾチックな衣装に刺激されて、最高で一〇〇ポンドも使ってしまうというのだ。これはもう、とんでもなくひどい調査だ。


この章の後半で私が気に入っている疑わしい調査をもう少し紹介するし、次の章では選挙に関する世論調査を見ていく。まずは、アンケート調査がさほど確かなものではないことがどうすればわかるかを見てみよう。

自国民が猫についてどう思っているかを調べていると思ってほしい。どうやって調べるだろう。

いちばん正確な方法は、国民全員に猫についてどう思うかを訊くことだろう。何百万人もの人に猫について質問をして、答えてもらわなければならない。国勢調査のやりかただ。

一〇年ごとに質問用紙が各家庭に送られ、法的に記入義務を負う。だから、国勢調査に猫についての質問を入れればいい。

問題は、国勢調査は費用がかかるプロジェクトで、時間もかかるので、国民が猫についてどう思っているのかを知るのに何年もかかってしまうことだ。しかもあなたは今週中にその結果を知らなければならない。緊急の、猫がらみの理由で。

こういうわけで人はアンケート調査を実施する。考えかたとしては、全人口と同じ構成の小さなグループがあれば、そのグループに質問するだけで、国民全員の考えだということができるわけだ。これをきちんとおこなうことは非常に難しいが、それでも人はいつもそうしようとしている。調査結果を見て、誤った判断をしてしまうことを心配するのなら、次の五つの疑問を呈してみよう。

- 調査はどこから出たものか？
- 調査ではどのような質問がされたのか？
- 何人の人が質問されたのか？
- 彼らは質問をするのにふさわしい人たちか？
- その組織は結果に基づいた理にかなった主張をしているか？

第一章：アンケート調査

調査はどこから出たものか？

この疑問には二つの部分がある。調査をしたのは誰で、それに金を払ったのは誰かということだ。

これらの疑問に対する答えによって即座に調査が不適格だと見なされるべきではないが、それによって警戒心が生まれるし、これ以外の疑問に対する答えをより注意深く調べようという気になる。調査を実施している組織が英国世論調査協議会のような団体であれば、調査方法を知るのは簡単だが、だからといって、調査が信用できるとはかぎらない。さらに、同じように良識のある仕事をしているが、そのような団体ではない大きな組織もあるので、決定的な指針にはならないとはいえ、役に立つ近道ではある。

調査に金を出した組織が調査結果に明らかな興味を持っている場合はもっと疑うべきだ。みんな猫が大好きだと言っている報告が猫用トイレのメーカーから出ていたのなら、警戒すべきだが、だからといって結論が無意味だとはかぎらない。

放射能に汚染された場所で休日を過ごすことを考えている人が三〇パーセントいるというプレスリリースを受けとった。それを送ってきたのは、放射能から身を守る装置をつくっている会社だった。その数字は本当かもしれないし、チェルノブイリで休日を過ごすツアーが実際に飛ぶように売れているのかもしれない。その一方、三〇パーセントという数字にどのようにたどりついたかや、実際にその調査を実施したのが誰かについての詳細は書かれていなかった。この会社に影響されたニュースを聞きたいだろうか。それはまさに避けるべきことだ。

もう一つ大事なのは、調査を実施した組織が自社の顧客からのデータしか利用していないかもしれないと気づくことだ。つまり、たとえば、健康保険会社は契約の際に顧客が書いた答えを使っているかもしれない。これが問題なのは、それが国全体を代表する答えと大きく異なる可能性があるからだ。そもそも、平均よりはずっと裕福な人々である可能性が大きい。これについては、この章の後半でどのような人たちに質問をしたかについて触れるが、膨大な自社のデータにアクセスできる組織から出された調査には気をつけるべきだ。

調査ではどのような質問がされたのか？

アンケート調査でどのような質問をされたのかがわかるかどうかを確認しよう。評判のいい調査会社であれば、それはすぐに見つかるはずだ。路上で誰かに呼びとめられてそんな質問をされたら、その意味がはっきりわかるだろうか。あるいは、あいまいだろうか。特定の答えを出すように仕向けられているかもしれないと感じるだろうか。「愛らしくて、ふわふわで、美しくて、かわいい子猫は好きですか」と訊かれたら、「猫についてどう思いますか」と訊かれたときよりも、猫に対するポジティブな気持ちを込めた返事をしてしまう可能性は高い。

BBCの古典的コメディ番組〈イエス・プライム・ミニスター〉にこんなシーンがある。老練の事務次官サー・ハンフリーが、若く経験の浅い秘書官のバーナードに、若者には生活のなかで規律や管理が必要だと思うかについて一連の質問をする。それは、徴兵制を再開すべきかどうかという質問に持っていくためだった。それから、若者たちの意思に反して武器を持たせるべきか、あるいは武器を与えて殺しかたを教えるべきかという一連の質問に移り、それも徴兵制の質問につながるものだった。バーナードは徴兵制は再開されるべきであることにも、されるべきではないことにも同意していることになって、サー・ハンフリーはそれを「完璧にバランスのとれたサンプル」だと語った。

バーナードは先に訊かれた質問によって、最後の質問に賛成するように誘導された。世論調査が特定の方向に回答者を導こうとしている場合は、質問を見れば普通は簡単にわかる。実際の例がある。二〇一二年にレヴェソン調査委員会［訳注：大衆紙での大規模な盗聴事件を機に、英国新聞界の文化・慣行・倫理について検証していた委員会」の報告がイギリスの報道機関に発表されるまえに、世論調査会社のユーガブにサン紙とメディア・スタンダーズ・トラスト（MST）が別の調査の実施を依頼した。

MSTの調査では、回答者の七九パーセントが「ジャーナリストが行動規範を破った場合のクレームに対し、どのような措置をとるべきかを決定する独立機関が法的に設立されるべきだ」という意見に賛同している。

その結果はサン紙の依頼で実施された調査では食い違っていて、回答者のわずか二四パーセントしか、報道機関を規制する最適の方法は「国会議員が同意したルールで、国会によって法的に設立した規制団体がおこなう」ものだという意見に賛同していない。同じ調査会社が別々の顧客のために調査をおこない、同じ質問でまったく別の回答を得たわけだ。

ただし、まったく同じ質問だったわけではない。ユーガブのピーター・ケルナーが質問の組み立て方の違いを説明している。特に、MSTのほうは法的に設立される独立機関について訊いているのに対し、サン紙のほうはそれが国会議員の同意によるルールで、国会によって法的に設立したものとなっている。二つの質問は基本的には同じことを言っているのだが、報道規制に国会議員が介入することに対する反発から、その言葉が出たことで回答者の不安が高まったのだとわかる。

別の例は、退職後の公的介護に備えて年金貯蓄をしているかどうかを訊いた調査だ。自分ならどう答えるかを考えてほしい。年金貯蓄をしているかもしれないが、貯蓄をはじめたときには公的介護のことは考えていなかったかもしれない。貯蓄をしているから「はい」と答える人もいるだろう。必要なときにはそれが公的介護の資金にもなるだろうから。

だが、公的介護のためだけに貯蓄していたわけではないから「いいえ」と答える人もいるだろう。質問がはっきりしないものなので、この調査の結果はまったく信頼できないものになっている。

アンケート調査の第一人者デイヴィッド・カウリングが私に送ってくれた別の例は、金融危機が高まっていた二〇〇八年に、世論調査会社のコムレスが約一〇〇〇人におこなった二つの調査で、救済措置についてどう思うかについてのものだ。

一つはインデペンデント・オン・サンデー紙の質問で「銀行の救済措置のために納税者の金が使われるのは正しいことか」というもので、三七パーセントが「はい」、五八パーセントが「いいえ」、五パーセントが「わからない」という回答だった。

同じ月、BBCの番組〈デイリー・ポリティクス〉のために同じ調査会社が「金融制度の安定のために政府が納税者の金を使うことを支持する」という意見に対する賛否を訊いた。五〇パーセントが「賛成」、四一パーセントが「反対」、九パーセントが「わからない」という結果になった。

同じ月に同じ会社によっておこなわれた二つの世論調査で、同じ質問に対してまったく違う回答が返ってきたわけだ。おそらくその差は、片方が銀行の救済措置という一般的には国民があまり乗り気ではない言葉を使っているのに対し、もう一方は金融制度の安定という回答者が良い考えだと思う言葉を使っているためだ。

さらには、回答者が質問に正直に答える可能性が高いかどうかについても考えるべきだ。子供を叩くかどうかの調査を受けとったことがある。匿名の調査であることははっきり明記されていたが、子供を叩くことは社会的に受けいれられないので、それを認める可能性は、匿名の調査でもかなり低くなる。

それとは別に、一六歳〜一八歳の若者に対する調査も目にした。ほとんどは良い資格を得ることを最優先に考えていて、セックスにはあまり興味がなく、家族と過ごすことが大好きだと答えていた。自分の答えを親に聞かれるかもしれないと考えていたのでないかと思われる。

正確な回答が得られないかもしれない問題は、法律を破ったことがあるかどうかという調査でも起こり、結果は信頼できないものになる。

何人の人が質問されたのか？

　多数の人々について何かを言おうとしているときには、そのなかの一人や二人に質問するだけではうまくいかない。私が目にするプレスリリースのなかに、数百人に尋ねただけで全国民の意見として使っているものがどれだけあるかを知ったら驚くはずだ。

　ケロッグは一〇〇人の子供に尋ねた結果で〈チョコクリスピー〉の新しいレシピは子供たちに大人気だと主張した。そしてそれが母親にも支持されているという主張は二〇〇人に訊いた結果によるものだった。

　原則はこうだ。二万人以上の人に関して何かを言うとすれば、少なくとも一〇〇〇人の回答が必要になる。

　非常に少ないサンプルを使っているのが化粧品の広告で、たとえば、あるリップグロスを使うと女性の八〇パーセントが唇がふっくらするように見えると言っていると主張する会社は、四三人の女性から得た回答をもとにしている。ある製品が赤ちゃんの腹痛をとめるというような、もう少し重大な内容の広告であれば、広告規制局（ＡＳＡ）が注意を払って、ちゃんとした根拠を示すように要求するのは間違いない。ＡＳＡは唇がふっくらしようがしまいが気にしていないようだ。女性の意見をまったく訊かずに唇がふっくらすると主張しても、おとがめなしですむ場合もありうる。

二万人未満の人に関して何かを言おうとしている場合は、代表サンプルを集めるのがもっと難しくなる。たとえば、プロ・サッカーチームの監督は猫が好きかどうかを知りたいのなら、全員に直接質問しなければならない。プロ・チームの監督の数は少ないので、数人にしか訊かなければ、誤差の範囲が非常に大きくなってしまう。

極端な例を考えてみよう。あなたはメンバー一〇人の合唱隊の指揮者をしていて、次のコンサートではどの映画のテーマ曲とクリスマス・キャロルを組み合わせるか決めようとしている。合唱隊のメンバーが好きな曲にするのであれば、メンバーの半分に訊いただけでは信頼できる結果は得られない。その半分が代表的な答えをしているという理由はないからだ。残りの五人が真っ向から反対するかもしれない。唯一の解決策は全員に訊くことだ。

だが、少ない人数について何かを言うときの問題を回避する別の方法がある。

プロ・サッカーチームの監督全員から回答を得るのが難しいことは誰でもわかるので、その半分からしか回答が得られなかったとしても悪くは思われない。「プロ・サッカーチームの監督半分と話をした結果、ほとんどが猫はすばらしいと思っていることがわかりました」

と言うことは、多少雑ではあるものの、完璧に理にかなったニュース記事になる。ただ、そのデータを使って、サッカー監督の大半が猫をすばらしいと思っていると主張することはできない。

かつて、イギリスの会社の最高財務責任者（ＣＦＯ）が何を考えているかについての定期的な調査が送られてきていた。それを計算した会社は三カ月ごとに約一〇〇人のＣＦＯに話を聞き、結果を送っていた。それはいい。ＣＦＯというのは調査が特に楽な人々ではないので、「約一〇〇人のＣＦＯへの調査でわかったことは……」という言葉ではじまっていれば、受けとった結果を理解できるし、厳密に代表的な内容ではないかもしれないと考えられる。

しかし実際は、つねにＣＦＯ全体の考えを示していると主張して多数のプレスリリースを送っていた。一〇〇人というのは、大企業のＣＦＯを含んでいるとしても、充分ではない。

イギリスにはＣＦＯがいる会社が何千社もある。それに対し、ドイツの景況感に関するＩｆｏの調査は月に七〇〇〇社から回答を得ている。日本の短観の調査では、月に一万社から話を聞いている。

サンプルサイズで許されるよりもずっと先まで結果を分解してしまっている調査にも気をつけなければならない。

たとえば、ヨーロッパの五カ国に住む二〇〇〇人を調査した結果が送られてきたのだが、それは会社を休むために仮病を使ったことがあるかどうかというものだった。その調査は、すでに述べた子供を叩くかという質問と同じ問題を抱えている。それを認めるだろうか、という問題だ。

だが、二〇〇〇人というのは、その五カ国について一般的なことを述べるには完璧に理にかなったサンプルサイズだ。男性と女性のどちらのほうが仮病を使うのかに分解することもできる。いけなかったのは、フランス人労働者（いちばん仮病を使うことが多いとされている）のサボり癖に注目した点だ。なぜなら、四〇〇人としか話をしていないからだ。正当な理由のない病欠調査の問題に関しては、第八章でも取りあげる。

扱う人数が増えても、最低一〇〇〇人の回答という点は変わらないが、次の疑問はより難しくなる。

彼らは質問をするのにふさわしい人たちか？

ふさわしい人々と話をすることは驚くほど難しく、ふさわしい人と話をしていなければ、調査人数が多くても意味はない。〈月刊猫〉の一〇〇万人の読者にインタビューしたとしても、一般の人々（全体としては猫雑誌を定期購読していない）が猫をどう思うかについては何も言うことができない。

覚えておいてほしい。ある人々について何かの意見を言うために代表的なサンプルを得ようとしているのなら、その人々全体と同じ性質を持った比較的小さなグループから話を聞かなければならない。どうすればそれができるだろう。人通りの多い道で、通行人に声をかけて得た答えは、その地域に住んでいる人や、国全体よりは裕福な人々、年齢層が高い人々、猫アレルギーの人にかたよってしまうかもしれない。それに、彼らは間違いなく、典型的とは言えないくらい時間に余裕のある人たちだ。立ちどまって質問に答えてくれたのだから。

この問題を解決できる可能性のある方法は二つあるが、それぞれに欠点がある。

これに対処する古典的な方法は、調査対象内から完全に無作為なサンプルを手に入れることだ。よくあるやりかたとしては、電話帳から無作為に番号を選び、充分な数、一般的には一〇〇〇人が答えてくれるまで電話をかけ続けるというものだ。最近では、この方法では結果が高齢者にかたよってしまう。固定電話を引いていて、電話に出てくれるのは高齢者が多いからだ。

二〇一五年のイギリス総選挙のあと、世論調査会社ＩＣＭのマーティン・ブーンは、二〇〇〇人から回答を得るために三万もの無作為の番号に電話をしなければならなかったことを明かした。つまり、電話に出て、さらに質問にも答えてくれる人々というのは典型的な人々ではないという危険が高まる。そのように少ない割合の人々が質問に答えている場合、彼らには何か普通とは違う部分があるのではないかと考える必要がある。全体よりは年齢が高いかもしれないし、普通の人よりは政治に興味があるという可能性もある。

多くの世論調査会社では携帯電話の番号も使いはじめているが、固定電話にくらべるとその割合は少ない。無作為なサンプルを得る最良の方法は、国家統計局が労働力調査で使っているもので、無作為に家庭を選んで訪問し、留守の場合は戻ってくるというものだ。最初の接触に成功できれば、それ以降のインタビューは電話でおこなわれる。サンプルを探す方法としては費用が高くつくので、世論調査をしているたいていの組織ではそんなコストはかけられない。

代表的なサンプルになりそうなものを得る別の方法は、構成メンバーのことがよくわかっているパネルをつくることだ。そして、ある客が、フルタイムで働いているアイスクリーム好きのベルギー人女性が何かについてどう考えているかという調査を依頼してきたら、すぐにそういう人たちに連絡し、そのグループが年齢もベルギーの居住地域もかたよっていないことを確認する。そのようなパネルのメンバーには少額の謝礼を払う必要があるし、オンラインでのアクセスなので、インターネットにアクセスできる若い人にかたよってしまう。このシステムでは、調査される回数を増やすために、自分の特徴について嘘をつく動機を与えてしまうという指摘がされている。

そしてこれが問題の核心だ。パネルに入っている人々は、典型的とは言えないくらい、調査にすべて答えることに興味を持っている可能性がある。さらに、代表サンプルの特徴を知るために、どこまで確認すればいいのかがはっきりしない。年齢、性別、人種、収入、階級、地域、雇用状態、婚姻状態など、あげていけばきりがない。

無作為の方法にしても、パネルの方法にしても、調査会社は結果を多少調整して、より代表的なものになるようにしている場合がある。サンプルのなかに高齢者の数が足りないようなら、高齢者から得た回答にさらに重みを持たせるかもしれない。これにも問題があり、調査会社が予想する方向に調整してしまう危険がある。

これについては次の章の政治的な世論調査の項目で取りあげる。

その組織は結果に基づいた理にかなった主張をしているか？

調査結果が自分の思う世界とまったく違っていた場合は、まず間違いなく調査にミスがある。

非常に規模の大きい調査でも正確ではなく、誤差の範囲があるが、これについては第九章で取りあげる。それは使用する言葉にも反映されなければならない。アンケート調査とは、何かを〝示し〟たり、〝証明し〟たりするものではなく、〝示唆する〟ものだ。

ニュースで聞いた魅力的な数字が、真実だとしたら理にかなっているかどうかを調べるためだけに、方法論を深く探っていくというのは、かなり手間のかかることに思われるかもしれない。そのため、時間がない人たちのために、すばやく確認できる方法をいくつか紹介しよう。

最初にやるべきなのは、調査を実施した人たちが主張しているような結果になっているかどうかを考えることだ。それは喜んで話をするようなことだろうか。次に調査方法が簡単に調べられるかどうかを確認してみよう。そして、彼らのサンプルが代表として正しいことを確認する手間を惜しんでいないかどうかを見てみよう。次に、その数字を得るために彼らが何をしたかを一文で説明してみよう。おかしいと思わずにそれを声に出せるのなら、いいしるしだ。

いちばん注意しなければならないのは、自分たちで選んだサンプルだ。自分のサイトにたくさんの人が来てくれたり、自分の雑誌を大勢の読者が読んでくれたり、ツイッターに大勢のフォロワーがいる場合、彼らの考えを聞いてその結果を発表したいという気持ちが強くなる。その手法を見せているかぎり、そうしても問題はない。

ボストン・レッドソックスのウェブサイトを訪れた人が考える先月のベスト・プレイヤーには興味があるかもしれないが、編集者はそれが国全体の意見を代表しているとはおそらく考えないだろう。

警察がツイッターで自分たちのフォロワーに調査をして、スピットフード〔訳注：唾を吐いたり噛んだりすることを防ぐ拘束具〕をどう思うかを訊いても、それが代表的な意見だと思うだろうか。結果は、投票した一三〇〇人の九三パーセントが、スピットフードは容疑者が唾を吐いたり噛んだりすることを防ぐのでいいことだと考えていた（そしてこれは大きく報道された）が、警察のフォロワーが国民全体の縮図と言えるだろうか。私はそう思わない。

五つの疑問を統括するために、三歳児と四歳児の五六パーセントが、タブレットやＰＣや携帯電話といった自分専用の接続機器を持っているという最近の報告について考えてみよう。タブレットだけだと四七パーセントだった。直観的にこれは高いと感じる。とりわけ、前年に規制機関のオフコムがその年齢層でタブレットを所有しているのが二一パーセントだという調査結果を発表していたからなおさらだ。では、さらに深く見ていこう。

一．調査はどこから出たものか？

調査をしたのは、子供と若者についての理解を深めるための報告書を提供している市場調査機関だ。この調査は、子供によるメディア使用についての大きな報告書の一部だった。彼らは自分たちでその調査を実施していて、どちらかにかたよっているという理由は見あたらない。

二．調査ではどのような質問がされたのか？

質問は「あなたの子供は以下のような自分の機器を持っていますか」というもので、その下に機器のリストが書かれている。したがって、ここにはあいまいな部分はない。

三．何人の人が質問されたのか？

調査は三歳児と四歳児を持つ五〇〇人の親に実施された。その年齢層で二人以上の子供がいる親には、どの子供について質問に答えるべきかをはっきりさせていた。サンプルサイズは多少小さいが、タブレットを持っている割合が四七パーセントと二一パーセントという差が出たことを説明できるほど小さくはない。オフコムの調査は六〇〇人の親を対象としていた。

四．彼らは質問をするのにふさわしい人たちか？

調査された親はイギリス最大のオンライン・パネルから選ばれ、子供の性別、親の性別、社会経済的グループもかたよらないように選ばれた。一方、オフコムでは対面式のインタビューをおこなった。オンラインの調査ではハイテク好きの親が多くなる可能性があり、インタビューでは三歳児にタブレットを持たせていると言うのを恥ずかしいと思う親がいるかもしれないが、オンラインでは躊躇なく言えるという可能性もある。だが、どちらの場合もそれほど大きな影響があるとは思えない。

五．その組織は結果に基づいた理にかなった主張をしているか？

これは難しい問題だ。二つの調査会社はかなりの時間をかけて質問の答えを入手しているが、そこからまったく違う数字が出た。どちらの方法も完璧とは言えないが、その欠点を考慮してもこれだけの誤差は説明できない。ときには調査の結果がおかしなことになる場合もあり、だからこそ結果にこだわりすぎるべきではないのだ。二つの結果がここまで違ってしまった理由が見つかるまで、片方の結果だけに基づいた強い主張はしないほうがいいかもしれない。

調査によって誤った方向に導かれないための五つの疑問がわかったので、これで立ち向かうべきものがわかるようになった。

私のお気に入りの疑わしい調査

私はかつて王立統計学会の講演で、その学会には数字を作成する特別な部署が必要だと話したことがある。私の想像では、それは企業のマーケティング部門のようなもので、漫画の主人公のディルバートが働いているようなところだ。ずっとパーティーをしているような場所で、毎週金曜日にはユニコーンのバーベキューをする（明らかにいいことのようだ）。私より楽しく過ごしているのだろうか。彼らの職場での生活は、ほかのみなと同じようなものだと思う。たいていは単調で、たまにわくわくするような日がある。

私が毎日受けとるPR会社からのEメールにも同じことが言える。たいていは即座に削除されるが、ときおり純粋な想像力のたまもののようなものが混じっていて、いつものナンセンスなメールからは一線を画しているため、私のメールシステムにある特別フォルダーの位置を獲得する。これからそのフォルダーのなかのものを一部紹介しようと思う。

会社名は伏せておくが、それは犯人に恥をかかせないという意味もあるし、その天才的手腕は認めるにしても、私が彼らの商品をすすめたくはないという理由もあるからだ。

多額の損失というのがプレスリリースの頼みの綱だ。私の特別フォルダーをスクロールしていくと、充分な睡眠をとっていない人が年に三七〇億ポンドの経済損失を与えていることになっていて、これはまずい顧客対応が企業に与える損失と偶然にもまったく同じ額だ。近所づきあいがなければ年に一四〇億ポンドの損失になり、スキル不足はイギリスのビジネスに年二二億ポンドの損失を与える。仕事をするべき時間にオリンピックを観ている人はイギリス経済に一六億ポンドの損失を与え、ほとんど報道されていないが、金融犯罪がイギリス経済に五二〇億ポンドの損失を与えており、不健康な従業員を雇っていることで五七〇億ポンドの損失になり、これはお粗末な研修で失われる年五六〇億ポンドをわずかに上回っていて、常習的欠勤は年にぴったり一〇〇〇億ポンドという多額の損失になる。

さらにジャンルを広げると、筋肉痛と関節痛はヨーロッパ経済に最大年二四〇〇億ユーロの損失を与え、太陽風はアメリカ経済に一日四〇〇億ドルの損失を与え、ドイツの国民的ブランド（それがなんであれ）はフォルクスワーゲンのディーゼル・スキャンダルで一億九一〇〇万ドル分の価値を下げた。大きな数字に目を奪われているあいだに、もたもたしているイギリス人は過去五年間で三二億ポンド分の結婚指輪と婚約指輪を失くしてしまっている。

損失というのが概してでっちあげである理由は第三章で、意味のない大きな数字の危険については第六章で詳しく見ていくが、それらの章を読むまえでもこういった数字の欠点のいくつかには気づくことができるだろう。

自動車事故の四三パーセントはラッシュアワーに起こっているという調査結果についてはどうだろう。プレスリリースでは「ほぼ半分」と記されている数字だ。道路に車が多ければ事故も多いのは当然だから、特に驚くような数字には見えない。だが、脚注を見ると、ラッシュアワーが平日の午前六時から一〇時と午後四時から八時に設定されていることがわかり、そうなるとその時間帯に起こる事故の割合としては非常に少ないように思われる。見出しは「ラッシュアワーに起こっている交通事故は驚くほど少ない」とすべきだ。

リストのなかで、どうやってこんなことを認める回答者を集めたのだろうと思ったのが人材派遣会社の調査で、履歴書に嘘を書いたと認めた人が三七パーセントいたという結果が出ていた。回答者が正直に答えなさそうな質問をしている場合には特に注意が必要だ。

あるプレスリリースにこう書かれているのを見て、楽しませてもらった。「イギリス人の三分の一が世論調査会社の質問に本当の答えを出していないことが、新しい調査によってわかった」というものだ。逆説的に言えば、詩編一一六の言葉「私は慌てて言った。『すべての人は嘘つきだ』」はまさに正しいということだ。

とても好きなのが、明らかにご都合主義の調査結果で、オフィスビルの管理テクノロジーをつくっている会社がおこなった調査によると、従業員の八四パーセントがオフィスの温度管理ができないことで生産性が深刻に妨げられると感じていて、八一パーセントがテクノロジーが進んでいる会社への転職を考えるというものだった。

ある霊柩車メーカーは、九一パーセントの人が葬列に出くわしたときにどうすべきかわからないと報告した。だがそれは一般の人を対象にした調査ではなく、正確には一九八人の葬儀社社員を対象にしたものだった。そして彼らの九一パーセントが、人はどうすべきかが「よくわかっていない」か、まったくわかっていないと答えた。これでは九一パーセントの人がどうすべきかわかっていないことにはならず、葬儀社社員の九一パーセントが、人はどうしたらいいのかわかっていないと考えているということだ。それも正しくないかもしれない。サンプル数がかなり少ないからだ。

最後に、〈犬が年間に約二一時間テレビを観ているという調査で締めくくろう。ドラマ〈イーストエンダーズ〉の二年分以上にも匹敵する時間だ。いちばん観られているチャンネルはBBC1だという。ときには方法論だけでなく、その調査にどういう意味があるのかと思ってしまう。

調査によって誤った方向に導かれないために、それを見たときに警報ベルが鳴るように自分を訓練することだ。ここまでの数ページで警報ベルが鳴り続けていたらいいのだが。

アンケート調査は無実が証明されるまでは有罪だという出発点に立って、五つの疑問を呈していけば、調査によって引き起こされる無意味なことに邪魔されずに生活していけるだろう。

第二章

世論調査

STATISTICAL

信じるべきか?

アンケート調査についてわかったことを政治的な世論調査に当てはめてみよう。

選挙の時期になると、どの政党に投票するつもりかを訊く調査がよくおこなわれる。世論調査でどの党がリードしているかというのが選挙運動中に出てくる話の主要部分になるので、テレビ討論の直後には新しい世論調査も出て、どの党にとっていちばん得になったのかがわかるようになっている。

世論調査というのは興味深いものにもなるが、それを絶対的真実として受けとらないことが大切で、とりわけ、**一つの世論調査だけに注意を向けすぎないこと**が大切だ。

その理由を説明しよう。二〇一四年のスコットランド独立に関する住民投票の二週間前、サンデー・タイムズ紙が発表したユーガブの世論調査では、「わからない」を除くと、「賛成」が「反対」を五一パーセント対四九パーセントの割合でリードしていた。おそらくこの影響を直接受け、ジョージ・オズボーン財務大臣は、「反対」という結果になった場合はスコットランド議会に増税をはじめとする権限をさらに与える予定であると表明した。翌日、その

STATISTICAL

第二章：世論調査

ニュースはキャサリン妃の第二子妊娠の発表でトップの座から落ちたが、ゴードン・ブラウン元首相はさらに権限を与えるという予定を発表した。国会では、パニックになっていることは否定したが、デイヴィッド・キャメロン首相とエド・ミリバンド労働党党首は首相質問に出席せずに、スコットランドへ向かって、「反対」に投票するように働きかけた。ニック・クレッグ副首相もキャンペーンのために北に向かったが、三人とも別行動だった。

こういったことすべてがBBCニュースの報道に課題をもたらした。なぜなら、BBCの報道指針では、ニュース番組は一つの世論調査の結果に左右されるべきではないことになっているからだ。

一方で、政府は明らかに一つの世論調査の結果に反応していたので、ニュースでは政府が何をしているかという話からはじめて、そのあとで世論調査のことを伝えなければならなかった。慎重にやらなければならない微妙なラインだ。

その世論調査が発表された翌日、私はBBCニュースのウェブサイトに「前例のない世論調査の危険」という記事を書いた。一度かぎりの選挙で意味のある世論調査をするのは、総選挙のような通常の選挙の世論調査よりずっと難しい理由を説明したものだ。

結局、スコットランドは五五パーセント対四五パーセントで英国内にとどまることになった。ほかの要因もあったのかもしれないが、一つの世論調査の結果がキャメロンとミリバンドとクレッグを動かしたのははっきりしていて、何もかも放り投げてスコットランドに向かい、最後の一押しをして、スコットランドの人々が英国に残ると投票してくれれば、スコットランド議会にさらなる権力を与えると申し出たのだ。

その日曜日には「賛成」のキャンペーンがリードしていて、思いきった方策が必要だったという可能性はある。逆に、ほかの世論調査ではまだ「反対」がリードしていたのに、誤差の範囲の「賛成」のリードに過剰反応をしてしまった可能性もある。

はっきりしたことはわからないが、**一つの世論調査の結果を心配しすぎると、ほぼ間違いなく失敗する。**

この章では、選挙期間の世論調査を取りあげ、その結果に注意する必要がある理由を説明し、世論調査で何を読みとれるかがわかるようになる大事な疑問を取りあげる。

- 過去の選挙から何を学ぶことができるか？
- 出口調査は通常の世論調査とどのように違うのか？
- 世論調査の誤差の範囲とは何か？

過去の選挙から何を学ぶことができるか？

世論調査について知るべきことは、アンケート調査のときの問題とほぼ同じだ。この場合は、国民全員が質問をされた場合（ただし、かならずしも答える必要はない）に何が起こるかを予想することになる。つまり、選挙結果を予想しようとするわけだ。あらかじめ全員に質問をすることはできないので、それより少ない人数に質問し、彼らが選挙に行く人たちを代表していることを願う。

たいていの世論調査は少なくとも一〇〇〇人に質問していて、ここでもまた、無作為にサンプルを集める会社と、オンラインのパネルを持っている会社に大きく分かれる。無作為にサンプルを集める場合は、電話帳から無作為に拾いだすといった方法を見つけようとする。パネルを使っている調査会社は、世論調査に参加しようとしている何千人もの名前のデータベースがあり、彼らについては多くの情報を得ている。

つまり、世論調査の依頼が来たら、国民を代表すると思われる人々のグループを見つけることができるのだ。どちらのタイプの世論調査でも、あとから調査会社によって調整される場合があり、これによって起こる問題についてはあとで取りあげる。

このような方法は試行錯誤を重ねて改良されてきていて、それは世論調査の歴史で起こった古典的な失敗の経験に基づいている。

最初の主要なケーススタディは一九三六年のアメリカ大統領選挙で、このときは現職のフランクリン・D・ルーズベルトが共和党のカンザス州知事アルフレッド・ランドンと対決した。アメリカで幅広い支持を得ていた雑誌〈リテラリー・ダイジェスト〉は、それまでの数回の選挙で正しい予想をしていたのだが、莫大な数の世論調査を実施することに決め、約二四〇〇万人からの回答を得た。少し時間をかけてその世論調査がどれだけ規模が大きかったかを考えてほしい。史上最大と言ってもいいものだ。だがそれでも、その過程を考えると控えめな表現だ。なぜなら、一〇〇〇万人の住所にダミーの投票用紙を送っていたからだ。それに関わった仕事量を考えただけで気が遠くなる。

その週刊誌がつくった送付先名簿は、全米のすべての電話帳、カントリークラブの会員、車両登録などをもとにしていた。リストにある人全員に投票用紙を送り、記入して返送するように依頼していた。四分の一がそれに従った。つまり、スタッフは二四〇万通の手紙を開封して、その中身を記録したわけだ。

その回答に基づいて、リテラリー・ダイジェスト誌はアルフレッド・ランドンが五七パーセント対四三パーセントで勝利すると自信を持って予測した。ルーズベルトなら聞いたことがあるけど、ランドンという名前には覚えがないと思っているかもしれない。その理由は、**史上最高の経費をかけておこなった世論調査の予測がとんでもない間違い**だったからだ。実際は、ルーズベルトが六二パーセント対三八パーセントという大統領選史上でもまれにみる大勝利を収めたのだ。これは、**何人の人を集めようとも、正しい人選でなければ意味がない**という古典的な例だ。

これが大恐慌の終末期だったということを思いだしてほしい。

アメリカではまだ九〇〇万人が失業中で、電話や車を所有することはかなり贅沢だった。電話帳やカントリークラブの会員や車両記録からつくった送付先名簿では、サンプルが裕福な人にかたよってしまっていた。大恐慌から国を救ったルーズベルトのニューディール政策に助けられたはずの人々は無視されたのだ。

さらに、投票用紙を受けとった人のわずか四分の一しか返送しておらず、わざわざ投票用紙を郵送する人というのは、典型的な有権者とは言えない。

一九三六年の大統領選の結果は、ジョージ・ギャラップによって正確に予測されていた。ギャラップは割り当て方式を使っていて、非常に少ないサンプルだった。しかし、一九四八年のニューヨーク州知事トマス・デューイ対現職のハリー・S・トルーマンの大統領選では失敗した。

割り当て方式の考えかたは、人種、性別、年齢といった人口の特徴を選び、サンプルのなかにそのような人々が正しい割合で入っているようにするものだ。調査した三二五〇人を集めるために、プロの面接官に、たとえば都市部に住む四〇歳未満の黒人女性を一〇人集めるように命じた。それに加えて、面接官は自分で人を選ぶことも許されていた。そのような人選の要素がサンプルをかたよらせてしまう原因になり、ギャラップは共和党のデューイが五〇パーセント対四四パーセント（残りはその他の候補者に投票する）で勝利すると予想したが、実際はトルーマンが五〇パーセント対四五パーセントで勝利した。

ギャラップの名誉のために言っておくが、当時の主要な他の世論調査会社もデューイの勝利を予想していて、トルーマンは選挙で敗北すると広く思われていた。シカゴ・トリビューン紙はデューイの勝利を確信していたので、早版では「デューイがトルーマンに勝利」という見出しを出してしまった。敵の勝利を報じた新聞を掲げるトルーマンの写真はアメリカの政治史に残る象徴的な瞬間を表している。

主要な世論調査会社はすべて割り当て方式を使っていた。おそらく、当時は共和党員のほうが民主党員よりも見つけやすく、話も聞きやすかった。さらに、世論調査の実施が選挙よりも早すぎたという指摘もある。投票日の二週間前の調査では、サンプルの一五パーセントはまだ決めておらず、すでに決めていた人たちと同じように彼らの票が割れると考えられていた。だが、トルーマンが最後の数日の選挙運動で成功したので、世論調査には現れなかった最後の決断があったのかもしれない。

だが、私はそれについても少し疑わしいといつも思っている。世論調査が間違っていたときのいちばん簡単な言い訳が、選挙当日に有権者の気が変わったというものだからだ。

世論調査の結果を読むときには、まだ決めていない人たちの割合を確認することが大切で、これを**ウィスカス効果**と呼ぶ。イギリスの広告界で非常によく知られている、一〇匹の猫のうち八匹がウィスカス［訳注：日本名は「カルカン」］を選ぶという宣伝文句だ。だが、そのキャットフードのもともとの広告は、一〇人の飼い主のうち八人が愛猫がウィスカスを選ぶと言っているというものだったのだが、好みを表していると飼い主が言った猫が一〇匹中八匹しかいなかったということを反映して、会社は表現を変えることを強いられたという資料を読んだことがある。広告規制局にその決定を調べてくれるように依頼したものの、調べはつかなかったのだが、好みを表明しなかった飼い主が重要だ。

誰でもわかるだろうが、九九パーセントの飼い主は、飼い猫がどんなタイプの缶入り肉の区別もつけられないと言った可能性がある。そうなると会社は区別がつくと言った一〇人を見つけるために一〇〇〇人の猫の飼い主に質問しなければならなかったことになる。

世論調査会社が一〇〇〇人にインタビューして、そのうち三〇〇人が「賛成」に投票し、二〇〇人が「反対」に投票すると答え、残りはまだ決めていないと答えているとしよう。記者が「わからない」という答えを無視すると、見出しは「賛成が六〇パーセント対四〇パーセントでリード」となるが、それでは選挙で起こっていることを本当に伝えていることにならない。賛成が三〇パーセント対二〇パーセントでリードしていると報道するほうが、選挙運動でこれからまだまだ変化があるということをより正確に伝えるものになるだろう。

これはすべての調査において重要な決定だ。わからないとかまだ決めていないと答えた人が決心したときには、それ以外の人たちと同じような決定をすると考えたくなるものだが、そうなるという根拠はほとんどない。**未決定の回答を無視するのは、誤った方向に導くことになる。**

イギリスでは、世論調査が間違ってしまったいちばん有名な例が一九九二年にあった。世論調査ではずっと労働党党首のニール・キノックが保守党の現職首相ジョン・メージャーをわずかに上回っていることを示していて、絶対多数政党がない議会になることが大きく予想されていた。保守党は一三年間という長期政権の座についていて、長い景気後退があったばかりで、金利は一〇パーセントを超えていた。だが結局、メージャーの保守党が過去のどの政党よりも票を獲得し、八パーセントポイントの差で勝利し、議会の過半数をわずかに上回る体制を維持した。

世論調査がどうして間違えるのかはっきりした理由はわからないが、この場合は、調査会社は三つの要因をあげた。

保守党への最後の揺り戻しがあった（これが疑わしいことはすでに述べた。唯一の根拠が世論調査のデータだけなので、自分の宿題に自分で丸をつけているようなものだ）。

保守党に投票することを認めたがらなかった。これはファッショナブルではないからで、〝シャイ・トーリー（隠れ保守党支持者）〟として知られている現象だ。

そしてユーガブの元社長ピーター・ケルナーが示唆しているのは、サンプリングのミスがあったというもので、それは一九九一年の国勢調査の結果でわかった。この国勢調査は一九九二年の選挙後すぐに発表され、一九八〇年代に予想よりも大きな労働者階級の縮小と中産階級の増大があったため、調査会社が使ったサンプリング構造は保守党を支持しない層にかたよっていた。

二〇一五年の総選挙の結果は、デイヴィッド・キャメロンの保守党が予想外の絶対多数を得て、これも世論調査の予想をはずれていた。

世論調査では事実上の大接戦を予想していたが、実際の結果は保守党が三六・九パーセント、労働党が三〇・四パーセントの得票率だった。

選挙に関する世論調査の事後分析では、問題はまたしてもサンプリングであると結論づけられた。調査会社が典型的とは言えないくらい保守党より労働党にかたよったサンプルを選んでいて、加工されていないデータの調整もおこなわれたが、この問題を解決できなかったというものだった。その報告書では、過去のイギリスの総選挙での世論調査は二〇一五年とほぼ同じように不正確で、あまり注目されてこなかったのは、どの党が勝つかをいまだに正確に予測できないからだと述べている。

世論調査がらみで増えている別の問題は、アンケート調査についての章で述べたことなのだが、調査に答えてくれる人を獲得するためにはものすごくたくさんの人に電話しなければならないことで、ある調査会社は二〇〇〇人から回答を得るためには三万人もの無作為の番号に電話をしなければならないと言っている。

一九三六年のリテラリー・ダイジェスト誌での四分の一の回答が問題を起こしたとしたら、一五分の一の回答率というのは不安材料になるはずだ。回答してくれる人たちは、典型的ではないくらい政治の話に興味を持っており、異なるかたちで調査にバイアスを生じさせる可能性がある。

一九九二年のミスが〝シャイ・トーリー〟で説明されるとしたら、二〇一五年は〝レイジー・レイバー（怠け者の労働党支持者）〟ということになる。世論調査で労働党に入れると答えた人たちは、保守党に入れると答えた人たちよりも投票所に行かなかったというものだ。調査会社は若い有権者が投票に行く可能性を高く見積もりすぎてもいた。こういうことは、調査会社が未加工のデータを受けとってから調整しようとする事柄だ。

たとえば、特定の年齢グループから回答を得た人数が少なすぎたり、特定の地域の人が少なすぎたりすることがあるかもしれない。そういう場合は、結果にそれを反映させ、数が少なかったグループの回答をさらに上乗せする。さらに、実際に投票するかどうかを考えた調整や、本当のことを言っているかどうかについての調整もおこなわれる場合がある。

問題は、そういった調整が過去の選挙から得た経験に基づくものもあれば、世論調査会社が予想した結果によるものもあるということだ。

そうなると、ライバル会社の結果と一致させるように調整したくなるグループも出てくる可能性がある。これは二〇一七年には起こらなかった。このときは、もしそうしていたとしてもそれよりもずっと幅広い結果が出ていて、全体としては、保守党支持層を高く見積もりすぎ、労働党支持層を低く見積もりすぎていた。

過去の選挙の経験というのは大切で、だからこそ、住民投票のような一度かぎりの選挙は大きなチャレンジになる。総選挙の結果がどれくらい大きなものになるかということはかなりいい予想ができても、たとえば投票方法を変えるべきかどうかというような投票にどれだけの人が参加するかを予想するのは難しい。住民投票にシャイ・トーリーやレイジー・レイバーのような現象が起こるかどうかを知ることも難しい。スコットランド独立に「反対」することやイギリスのEU離脱に「賛成」することはファッショナブルではないのだろうか。さらに、住民投票では結果は通常二つのうちのどちらかだから、間違ったほうを予測してしまえば、結果が非常に拮抗したものであったとしても、恥をかく。

可能性のある結果は二つしかないと言ったが、EU離脱の選挙運動中にBBCのローカルラジオ局のリスナーから寄せられた〈リアリティ・チェック〉チームへの質問に答えているときに、第三の結果について訊かれたことがある。

私たちはウェストミンスターのラジオ・スタジオで一日過ごし、各局二〇分ずつの質問に答えていた。とてもいい経験になり、私が訊かれたいちばんいい質問は、結果が伯仲していたらどうなるかというものだった。

有権者が四六〇〇万人いて、そのなかの三三六〇万人が投票するとしたら、引き分けになるということはまずありえないが、まずありえないことが起こるものだ。私には答えがわからなかったので、次の質問に移り、答えを調べて戻ってくると言った。だが、答えはなかった。引き分けになったときにどうなるかという質問への答えは用意されていなかったのだ。

ＥＵ離脱国民投票は、厳密に言えば拘束力はなく、政府がどうするかを決定しなければならないのだが、そうなればかなり恥ずかしいことになるだろう。

地方選挙で引き分けになったときにはどうなるかはわかっている。二〇一七年のノーサンバランド州議会でそういうことがあった。そのような場合には、選挙管理官が決定方法を決める。このときには、二度の再集計のあと、くじ引きにすることにしたが、コイン投げや帽子から名前を引くといった方法は、何を使ってもよかった。住民投票ではそのような手順はない。

総選挙では、首相が下院での過半数を決める人物になるので、引き分けは同じように問題にはならない。選挙がどのようにおこなわれるのかを理解することは、一般投票や小選挙区制で誰がいちばん多くの票を得るのかといったことであっても、大切だ。

出口調査は通常の世論調査とどのように違うのか？

スコットランド独立住民投票でもＥＵ離脱国民投票でも、出口調査がおこなわれなかったことに気づいているかもしれない。

出口調査が通常の世論調査と違うのは、投票後に投票所の外で近づいてくる人によって実施されているからだ。つまり、調査会社は回答者が実際に投票しにいくかどうかを心配する必要がない。目的は各党の議席数を予測するためで、全国的な得票率を予測するものではない。

イギリスの総選挙で目にする出口調査はBBCとITVニュースとスカイ・ニュースが共同で実施している。総選挙の出口調査をおこなう調査会社は、過去の経験をもとにして、国全体の投票動向の予測を最適におこなっていた会社が慎重に選ばれる。

彼らは何千人もの人々（二〇一〇年の場合は一万六〇〇〇人だった）に、イギリスじゅうの三万九〇〇〇カ所の投票所を同じ比率で小さくした、約一四〇カ所で話を聞く。ほとんどの世論調査よりずっと大規模だが、思いだしてほしいのが一九三六年の教訓で、サンプルがどれだけ多くても、正しい人を選んでいなければ意味がないということだ。出口調査は僅差で得られる議席を予測するために実施されることが多く、その議席によって政府が成立するかしないかが決まるため、たいていはその後の動向を決めることになる。

最近の出口調査の記録はかなり優秀だが、一九九二年の絶対多数政党のない議会を予測したときには間違っていた。通常の世論調査の結果と同じだ。一九八七年もあまり正確ではなかったが、それでも正しい勝者を予測していた。最近の四回の総選挙では出口調査の結果は優秀で、二〇〇五年の労働党の勝利も、二〇一〇年に自由民主党の協力を思ったほど得られず絶対多数政党のない議会になるという予測も当たった。二〇一五年には、保守党の絶対多数までは予測できなかったものの、予想以上に保守党への強い支持が得られると予測し、スコットランド国民党議席の急上昇と自由民主党の転落を予測した。自民党党首だったパディ・アシュダウンは出口調査が当たっていたら自分の帽子を公の場で食べると言っていた。彼はその後、クエスチョンタイム〔訳注：首相・大臣が議員の質問に答える時間〕に帽子型のケーキを与えられた。そして、二〇一七年の出口調査では、保守党への支持が予想より低くなることを予測した。

出口調査の目的は、政党間の揺れを見極めようとすることだ。過去に典型的であったことが証明されている投票所で投票した人が一定の割合で答えたことによって、特定の政党が前回よりも得票数が多くなるか少なくなるかを予測することができるからだ。住民投票のように出口調査に過去の結果が使えない場合は、予測がかなり難しくなり、一騎打ちの結果を間違って予測してしまうというリスクがあるので、実施するだけの値打ちがない。

もう一つ大切なのは、出口調査は投票所で投票した人だけに話を聞いているので、郵送で投票をした人は数に入っていないということだ。

世論調査の誤差の範囲とは何か?

世論調査はサンプルをもとにしているので、それ以外の調査と同じように誤差の範囲がある。一〇〇〇人の回答をもとにしたとき、適正に無作為に選ばれた世論調査では、信頼度は九五パーセントで、誤差の範囲はプラスマイナス三パーセントになる。したがって、そういった世論調査の結果で「賛成」と「反対」が同数で分かれた場合、実際の回答は「賛成」の答えが五三パーセントから四七パーセントのあいだになる可能性が高い。接戦のコンクールで一~二ポイントのリードを重く見るべきではないように、先に述べたスコットランドの住民投票でも同じことが言えたわけだ。

二〇〇〇人の世論調査では誤差の範囲はプラスマイナス二パーセントに減る。しかし、これはサンプリングが適正で、かたよりがない場合だ。コンタクトした人の四分の一しか回答していなかったり、選挙の片方の支持者だけが熱心に話したがっていたり、片方の支持者の主要グループへのコンタクトが非常に困難であるような場合は、誤差の範囲がかなり大きくなる可能性がある。参加が少ないグループの影響を高めるために加工されていないデータに重みを加えることでも誤差の範囲は大きくなる。

厳密に言えば、このような誤差の範囲は無作為のサンプルを使った世論調査だけに起こり、パネルの場合には起こらない。サンプルを無作為にするためには、調査されるすべての人々がサンプルになる可能性を平等に持っていなければならない。オンラインのパネルではこうならないことはわかっている。すべての人がインターネットにアクセスできるわけではないし、パネルの場合は無作為に選ばれた人ではなく、自分で参加することを決めた人たちだからだ。このような世論調査を実施している会社は、不確定な度合を確かめるために別の方法での実験をおこなっている。

自分が読んでいる世論調査が比較的評判の良い組織によって実施されていることも確認してほしい。これは**世論調査の悪用を防ぐ行動規範**だ。その他の調査と同様、**悪用には、誤解を招いたり、特定の方向に答えを導くような質問方法も含まれる。**選挙期間中に全国紙によっておこなわれる世論調査は英国世論調査協議会の会員によって実施されていることが多く、どのような方法で調査をおこなったのかを明らかにすることになっている。世論調査会社は、自分たちの評判にかかっているので、選挙期間中は行儀よくしているようだ。

ＢＢＣでは国民に投票予定を訊くような世論調査を実施することはないが、総選挙の出口調査をおこなっている放送局の一つであり、ここでは投票したばかりの人々に質問をする。

つまりここで伝えたいことは、いくつかの評判の良い世論調査で、片方が七〇パーセント対三〇パーセントでリードしていると伝えていたら、そちらか勝つということにはかなりの確信が持てるということだ。

だが、アイルランドでの中絶合法化に関する投票では、かなり決定的ではあったものの、先に述べたように、出口調査には危険があった。片方が五一パーセント対四九パーセントでリードしているという世論調査がいくつかあれば、接戦すぎるために結果は予測不能で、その競争においては世論調査で言えることはあまりない。

これがＥＵ離脱の国民投票で起きたことだ。投票が近づいていたころには、着実な予想がなく、世論調査のなかには残留がわずかにリードしているというものもあれば、離脱がわずかにリードしているというものもあり、僅差だというものもあった。接戦のときに世論調査が役に立たないのはいらつくものだが、世論調査というのは役に立たないものであり、役に立たないことを認識するのが大切なのだ。こういう理由でＢＢＣの論説指針（これはオンラインで誰でも読むことができる）では、スタッフは世論調査に疑いを抱くべきだということになっている。

過去の選挙から得られた教訓は、選挙期間中に民意を確認するための正確なサンプルを集めるのは難しく、莫大な人数に質問しても、社会の大きな部分を排除してしまうとか、世論調査会社が話を聞きたい人を選んでしまうとか、自分が投票しようとしている人物を話してくれるかどうか、あるいは当日投票に行くかどうかなど、支持者によって異なっている点を無視してしまうといった落とし穴がある。

世論調査がどのように実施されるかを知ることで、それが確かなものであるか、質問が理解しやすく明確であるのかの確認がしやすくなる。さらに、調査会社が未決定の回答者をどうしたかを確認することだ。そういう回答を無視して、彼らが残りの回答者と同じ割合になると予測していれば、誤った方向に導かれてしまう。

最後に、世論調査によって自分の投票先を決めないようにしよう。特に、政党間の差があまりなく、誤差の範囲である場合は、それが正確ではないとわかったときには後悔することになる。

第三章

コスト

STATISTICAL

原価計算は偽りだと肝に銘じる

こんなシーンを思い描いてほしい。ロンドンで少し雪が降っている。カナダやノルウェーやスコットランドのようにちゃんとした気候の地域の人たちが心配するような雪ではなく、地面に一〇センチほど積もっているような雪だ。

交通機関の一部はとまってしまっているが、それでもあなたはなんとかして仕事に行こうとしている。ジャーナリストのことをどう思っているかわからないが、雪のなかを何キロも歩いて職場の新聞社に着いて、ちょうど朝の編集会議に間に合ったと考えよう。

ひからびた年配の編集者は、窓の外を見てこう言う。「外はかなりの雪だな。経済には大きな損失になるはずだ」そしてあなたのほうを向いて、どれだけの損失になるか調べてこいと言う。

これは記者が何度も経験していることだ。編集者は条件反射のように損失はいくらになるかと訊く。

二〇〇九年二月二日のデイリー・テレグラフ紙の例を見てみよう。たくさんあるこの手の話の悪い例ではなく、良い例だからだ。

STATISTICAL

第三章：コスト

見出しはこうだった。「雪のイギリス：混乱によるイギリス経済の損失は三〇億ポンド」

この数字は中小企業団体（ＦＳＢ）から出たもので、この団体は雪によってイギリス経済が月曜と火曜に一二億ポンドの損失を出し、その週の残りの損失と合わせて三〇億ポンドになると警告していたようだ。

その数字はどうやってはじき出されたのだろう。

記事によればＦＳＢは「天候によって月曜日には六四〇万人の労働人口の二〇パーセントが仕事を休むという仮定と、平均的な祝日がイギリス経済に与える損失が六〇億ポンドであることに基づいて計算した」。

祝日のコストが六〇億ポンドだと経済学者たちが考えているのは、それ以前にその数字を出していたからで（この話はあとで取りあげる）、彼らは祝日には誰も働いていないと思っているが、それはどんなジャーナリストにとっても、そして間違いなく看護師や警察官やスーパーの店員や運送業者などなど……にとっては驚きだろう。仕事を休む人が二〇パーセントという数字がどこから来たのかはっきりしないが、経済学者たちは五分の一の人が仕事を休むと考え、雪による損失が祝日の損失の二〇パーセントになると計算したのだ。

これが信じられるだろうか。雪による損失は、編集者たちが大好きな疑わしい原価計算の良い例になっている。私は長年これと闘っている。

この章では、**何かによる損失を示している見出しがなぜインチキなのか**を述べていく。覚えておいてほしいのは、私が話しているのはコストであって、価格ではない。地元の店に行ってチョコバーを買えば、価格がわかることに疑いの余地はない。棚に表示されているのだから。だが、チョコバーが棚に並ぶまでにどれだけのコストがかかったかというのは別問題で、これは精密な科学とは別物だ。

この章では、コストの数字を見るときにはいつでも理解しなければならない三つの事柄を取りあげる。

・経済に与える損失とは何を意味するのか？
・話しているのは総費用か追加費用か？
・ビジネスにおける疑わしい原価計算

経済に与える損失とは何を意味するのか？

雪による損失の話に戻ろう。自分の計算を別にすると、祝日の損失が六〇億ポンドというのは理にかなっているのだろうかと考えていた。

国内総生産（ＧＤＰ）の数字を生むために英国経済で生産されているすべてのものを合計すると、年に約二兆ポンドになる。一年の就業日は約二五二日なので、一日あたり八〇億ポンドになるが、二〇〇九年にテレグラフ紙の記事が出たときには、一日あたり六〇億ポンドだった。

祝日によってイギリスの経済における生産量がすべて損失になるというのは筋が通っているだろうか。

当時のイギリス経済の基本的な問題は生産性の低さだった。生産性とは一時間あたりに労働者によって生産されるものの量だ。そう考えれば、ときおり一日の休暇を与えることで、残りの時間をより効率的に働けるようになるかもしれない。しかも、祝日は経済にとっては良い面もある。マーゲートのビーチでアイスクリームを売っている人なら、祝日で売り上げが失われると聞いたら笑い飛ばすだろう。

そこで、私たちは疑わしい数字をまず五で割って、雪が経済に与えた損失を出した。だが、その計算にはまだ深刻な問題があった。そもそも雪が経済にとって悪いことだという仮定に基づいている点だ。祝日がアイスクリームを売っている人にとってはおそらく良いものであるように、雪にも経済的な長所がある（おそらくアイスクリーム売りにはないだろうが）。

物事が経済にとって良いとか悪いとかいう話は、ＧＤＰのレベルを上げるか下げるかという話になる。

　ＧＤＰは経済活動で生産されるものの総計を測る尺度だ。雪のせいで失われる経済面があるのははっきりしている。サンダーランドで三交代制の自動車工場を経営している人にとっては、従業員が来られないとか、部品が配達されないという理由でシフトが組めなくなったら、かなりの損失が出る。

　だが、イギリス経済の大部分はそうならない。イギリスのＧＤＰの七九パーセントはサービス部門から生まれている。美容師なら、月曜と火曜に店をあけることができず、予約はキャンセルになってしまうが、それでも客が髪を切ってもらわなければならないことに変わりはない。翌週あたりは少し残業する必要があるかもしれないが、二日分の収入をすべて失うことにはならない。在宅勤務の人はますます増えているので、子供の学校が雪で休校になったとしても、家で仕事ができる。

　職場に行けないことが経済にとって問題ではないと言っているわけではない。都心でオフィスワーカー向けにサンドイッチを売っている人なら、その日の売り上げは少なくなるだろうし、顧客が翌日に余分なランチを食べる可能性は低いので、その埋め合わせもできない。だが、イギリスがいまよりも製造業に頼っていた時代ほど経済にとっては大きな問題ではない。

では、雪がGDPに有利になる部分を見てみよう。

地方自治体が砂をまいたり除雪をするために追加の出費をすれば、GDPは上昇する。それればかりか、道路にまくために使われる岩塩の一部はチェシャー州やアントリム州のような地域で産出されるので、地方自治体がたくさん購入すれば、とりわけ経済には良い材料になる。

さらに、家で過ごす時間が長くなればオンライン・ショッピングをする人も増え、これも経済を活性化する。冬服の売り上げは上がるだろうし、寒波で暖房費も余分に使うことになるだろうから、これもGDPには良いニュースだ。

凍った道路で車をぶつけてしまった人たちのことを想像してみよう。地元の修理工場に車を持ちこみ、修理のために金を払う。保険会社がそれを補填すれば、資金の移動になり、そうでなければその資金は株主のところに行ったはずで、株主がそれを使う可能性はわずかに低いので、これも経済にとっては良いことだ。車が修理できないくらい破損していて、持ち主が保険を使って新車を買えば、サンダーランドの工場にとっては失ったシフト分を取りもどす助けになるかもしれない。

私はときおり統計学の授業で、氷で滑った人がいると人工股関節の需要が増えて経済にプラスになるという話をする。人工股関節の製造はイギリスの偉大なハイテク産業だ。無神経だと言って責められてきたが、それは的外れだ。経済にとって良いことが国民にとっても良いとはかぎらない。

これまでの話はすべて、雪に関することではなく、**経済に何が起こっているかを測るものとしてGDPが適していない**ことを述べているのだとわかったのではないだろうか。車をぶつけてしまって、事故前の状態に戻すために誰かに金を払うことになったら、それは経済にとって本当に良いことと見なすべきだろうか。大事なのは、**GDPを上昇させる面もあれば、良くない面もあり、雪が降った日にはどちらのケースになるかはとてもわかりにくい**ということだ。

雪が経済に大きな影響を与えるのなら、国家統計局（ONS）が四半期ごとのGNPを発表するときにそれについてコメントするはずだ。二〇〇九年の第1四半期にはまったくコメントされなかったので、雪は経済に三〇億ポンドの損失を与えなかったと推定される。

翌年、クリスマスの前の週に大雪が降り、それは最悪といってもいいような事態になった。店に行けないのでプレゼントを買えず、バーやレストランでおこなわれるはずだった企業のクリスマス・パーティーはキャンセルされた。購買の遅れが大きな影響を与えたのは、クリスマスの前の週に買えば定価であることが多いが、クリスマスを過ぎてしまうと割引になってしまうからだ（しかも遅すぎる）。

さらに、雪が年末だったため、経済の損失のうち、あとで埋め合わせされる分（翌週に美容院に行くなど）が、二〇一一年の第1四半期に入ってしまうことになった。それよりもさらに遅くなる場合もあった。GDPを計算しているONSの一部の部署は、クリスマス・パーティーを翌年の四月に延期したので、その数字は第2四半期に組みこまれることになった。クリスマス・パーティーが第2四半期の成長を上昇させることはめったにない。

二〇一〇年の第4四半期にはONSが実際に雪によるダメージを認めた。天候によってその四半期のGDPは〇・五パーセント低下し、それはかなりの打撃になったと述べている。四半期の成長の〇・五パーセントは二〇億ポンドをわずかに超える額なので、ONSがコメントするほどの悪影響があったものの、三〇億ポンドには届かなかった。

二〇一八年、ロンドンでふたたび大雪が降り、数日間はイギリスじゅうのニュースを独占する事態になった。〝東（イースト）からの野獣（ビースト）〟がシベリアからやってきたのだ。三月四日のオブザーバー紙の一面の見出しは「凍てつく天候がイギリス経済に与える損失は一日一〇億ポンド」だった。それはずいぶん切りのいい数字で、デイリー・テレグラフ紙が二〇一〇年一二月に原価計算をした見出しの数字とぴったり同じだった。その見出しは「イギリスの雪：悪天候が経済に与える損失は一日一〇億ポンド」だった。

実のところ、これは驚くような偶然ではなく、どちらの数字も同じところから出ているのだ。二〇一〇年にはセンター・フォー・エコノミクス・アンド・ビジネス・リサーチ（CEBR）から、二〇一八年にはその創設者のダグ・マクウィリアムズから出ている。マクウィリアムズはツイッターで、一日ごとの総生産量が二〇パーセント減少するとつぶやいた。オンライン・ショッピングや在宅勤務、エネルギーの生産が二〇パーセント上昇することを計算に入れてもだ。それは「非常に雑な見積もり」だと言っていて、今回の四半期末までにはかなり取りもどせることを期待していると私に言っていた。だが、取りもどせたら、経済にはなんの損失も与えていないことになる。遅れた消費でも消費であることには変わりない。

それにもかかわらず、ONSはGDP報告書のなかで雪に関する二度目のコメントをした。報告書にはこう書かれている。「二〇一八年の第1四半期には雪によるGDPへの影響が建設業界と小売業界で記録されているが、その影響は全体としては小さく、経済の他の分野ではほとんど影響は表れていない」つまり、ここでもまだ一日あたり一〇億ポンドの損失にはなっていない。

ここで問題になるのは、FSBやCEBRが雪のコストを計算した方法ではなく、そもそもそこに提起された問題だ。雪が降ると、編集者は根拠などないのに、経済に与える損失についで考えなければならないと強く思ってしまうようだ。一人の経済学者による一つのツイートだけで全国紙の一面の見出しをつくってしまうというのはとんでもないことだ。しかも、八年もまえにライバル紙が同じ見出しを使っていたというのに。

これは雪にかぎったことではない。あらゆる事例とそれが経済に与える損失について言えることだ。火事、地震、列車のストライキ、そんなことが起こった日にはそれが経済にどれだけ損失を与えるのかはわからない。

私が特に衝撃を受けたのは、二〇〇四年のクリスマスの翌日にアジアで起こった津波のあとのインタビューで、亡くなった何十万人の人の数がまだほとんどわかっていないようなときに、経済への損失がいくらになるかという質問がされていたことだ。

経済への損失は物語ではない。それに、世界のなかで比較的貧しい地域に復興のための援助が流れこみ、経済は上昇し、そのときの一時的な経済損失を埋め合わせることになるかもしれないが、だからとって災害による悲劇が減るわけではない。

先進国での洪水のように保険業界にとって重要な出来事の場合は、業界は予測される支払金額を早い段階で試算するかもしれず、それは経済への損失よりは役に立つ数字ではあるが、それでもかなり雑な試算になる。

何かが起こった日に聞く経済に与える損失額は、理にかなっていないので真実ではない。

それは世界のどこであっても、雪が予想されていて、それに対して予定が立てられている場所であっても同じことだ。

それよりも理にかなった数字が手に入らないわけではない。角のカフェのオーナーは、人が仕事に来なかった場合に考えられる損失額を国に伝えることができるだろう。通常であればその時間までに売れていたはずのコーヒーが何杯少なかったかを報告できるかもしれない。そのコーヒーの数は、おそらく正確な数であるという長所があり、聞いている人も損をした人がいるという考えを把握できるようになるし、三〇億ポンドのように、意味がなく、どちらにしても脳が消化できないような大きな数字ではない。それに、どこからともなく出してきたでっちあげの数字でもない。

話しているのは総費用か追加費用か?

偽りの原価計算はニュースの見出しの問題だけではない。その理由を説明するために、一九九〇年にエジプトで私に起こったことを例にあげよう。

一六歳のとき、私はイスラエルの自然保護団体とともにシナイ砂漠への徒歩旅行に行った。四日目までは楽しく過ごしていたのだが、谷底にいたとき、二つの岩のあいだの溝に滑って落ちてしまい、右足首をひどく骨折してしまった。携帯できる通信機器は存在していたが、エジプト政府によってシナイでの使用は禁止されていた。砂漠でのスパイ行為に備えての措置だったのだろう。

一部のグループには四時間歩いていちばん近くの電話まで行ってもらい、別のグループには次のキャンプ場から必要なものを持ってきてもらった。医師も同行していたのだが、彼が持っていたいちばん強い鎮痛剤はパラセタモールで、私の痛みには効かなかった。

電話に到着したグループはイスラエル国境のタバにある国連に連絡した。相手は喜んで力を貸すと言ってくれたのだが、私は明らかに谷からウインチで上げてもらわなければならない状態で、国連にはウインチのついたヘリコプターがなかった。シナイでそのようなヘリコプターを所有しているのは他国籍監視軍（ＭＦＯ）だけで、これはキャンプデービッド合意に基づいてシナイ半島南部に配備された平和維持軍だった。友人たちは国連がＭＦＯに連絡してくれるかもしれないと言っていたが、問題は国連がＭＦＯの存在を知らなかったことで、そのためにラバのフランス人少佐がカイロにいたロシアの将軍に連絡して、ＭＦＯの出動許可を得なければならなかった。

やがて許可が下り、ＭＦＯはこころよく救助に向かうと言ってくれたが、もう暗くなっていて、夜の救助は危険なので、朝に来てくれることになった。

翌日、骨折から一九時間後、二機のヘリコプターが谷に現れた。二機目が必要だったのは、私を見つけた時点で、最初のヘリコプターにはウインチで引きあげるだけの燃料が残っていなかったためだ。

　二人のアメリカ陸軍の医師が谷の頂上に下ろされ、金属性のストレッチャーに私を縛りつけるために降りてきた。二人は「ボブとディーン」だと名乗り、「きれいな南部のペンシルベニアとアラバマ出身だ」と言った。私はもちろん彼らに会えてうれしかったし、英国空軍の士官候補生だったから、アメリカ陸軍の〈ヒューイ〉ヘリコプターにウインチで引きあげられることに興奮していた。引きあげられるあいだは砂が入らないように目を閉じているようにボブから言われたが、そんなつもりはなかった。それは奇妙な感覚で、思いだしたのは映画『スーパーマン』の第一作で、スーパーマンが空中でロイス・レーンに「心配ない、つかまえてるから」と言うと、ロイスが「つかまえてる？　あなたをつかまえてるのは誰なの？」と言うシーンだ。ヘリのなかに入ると、兵士たちはみな、おもしろいことができたと言って、私に感謝した。どうやら退屈な訓練から抜けだせたのを喜んでいるようだった。命を救ってくれた人たちが、そんな機会をくれたことに感謝したのだ。

　ベトナム戦争の映画を観たことがあれば、ヒューイがどのようなものか知っているだろう。これはベル社製〈ＵＨ－１イロコイ〉のニックネームだ。特徴的なのは、サイドがあいている場合が多いことだ。私のストレッチャーは床に固定されていたので、まったく安全だったのだが、そのことを誰も言ってくれなかったので、傾いて向きを変えるときにはちょっと怖かった。イスラエル南部のエイラトにある立派な病院に連れていかれたが、唯一の問題はアメリカ海軍の戦艦が私たちを未確認の航空機として攻撃的な挑発をしてきたことだ。一九九〇年の夏で、湾岸戦争がはじまる直前だったので、その地域はかなり緊張状態になっていた。アメリカ海軍に挑発されていると告げたパイロットは全員にしゃがめと命じた。

統計についての本でなぜ私が一〇代の冒険物語を語っているかって？　それはこういうわけだ。

学校に戻ると、救助代としてアメリカ陸軍にいくら請求されたんだと訊いてくる者がいた。陸軍には何も請求されなかったというと、すごく気前がいいなと言われた。

誤解しないでほしいのだが、あの砂漠から助けだしてくれたすばらしい軍人たちは命の恩人だ（さまざまな方法で進んで助けてくれたツアーのグループは言うまでもない）が、アメリカ軍はそんなに気前が良かったのだろうか。

シナイ砂漠のまんなかから向こう見ずなイギリス人観光客を救出するのにかかったコストのリストをつくってみよう。

まずは、一日分の二機のヘリコプターのコストだが、これはものすごく高い。それを知っているのは、その三年前に父がスキー事故でヘリコプターに救出され（かわいそうな母さん……）、保険で支払わなければならなかったからだ。救助代と治療費で旅行保険の限度を越えそうだったので、ヘリコプターがかなり高いことはわかっている。うちの家族は旅行保険会社にかなり助けてもらった。

ヘリコプター自体に加えて、少なくともタンク三個分の燃料が必要だった。私が乗っていたヒューイは、基地に戻るための燃料をエイラトの近くで補給しなければならなかったからだ。

そして人件費がある。それぞれのヘリコプターの操縦士と副操縦士、ボブとディーン、それにヒューイのなかで私の面倒を見てくれた兵士が少なくともあと二人はいたので、高度な訓練を受けた人員が少なくとも八人、その日の大半を使ってくれた。彼らを飛ばしてくれた基地のサポート・スタッフは言うまでもない。

それに添え木と包帯と点滴もかなり使って、手当てをしてくれた。

すべてを足せば、私の救出コストは六桁になるに違いない。それ相当のことをしてもらったと思うが、納税者は納得してくれるだろうか。

では、これを別の角度から見てみよう。

関わっていたスタッフは全員、どちらにしてもその日は働く予定になっていた。MFOの基金は国際条約によって設立されており、その一部がイギリスのティーンエイジャーが入っていた保険会社によって払い戻しを受けたのかどうかはわからない。その日彼らが救助に来ていなかったら、ヘリコプターと燃料は訓練で使われることになっていた。そうならずに任務で使ったわけで、兵士との話から彼らの士気は上がったらしいことがわかった。シャルムエルシェイクに配置されていることは多少退屈だったようだ。つまり、アメリカの納税者にかかる余分なコストは、医療品だけということになる。

考えかたによるが、**私の救助にかかったコストは、数十万ポンドになるか、隊の士気を高めた上にほとんどゼロだったかのどちらか**だ。

何かのコストに関するこのような二つの考えかたを**総費用**と**追加費用**と呼ぶ。

追加費用とは、何かをするときに余分にかかるコストで、この場合では医療品だ。

総費用とは私を砂漠から救いだすのにかかった数十万ポンドで、その日に使われた機材や人員や燃料が、救助がなかった場合に使われていなかったと仮定したときの金額になる。

これは重要な区別で、つねにニュースで目にするものだ。

よくあるのが、デモの警備のコストだ。そのために一〇〇人の警官が必要になるかもしれないが、それをしなかったら彼らは何をしていたはずなのか。全員が休日出勤で超過勤務分を支払ってもらっているのか、あるいは行進の警護は単なる仕事の一部なのか。警備に使われるバリアなどの装備の総コストを出して、そのような装備が必要とされると思われる回数で割るべきなのか、あるいはそれはどちらにしても警察が所有していなければならないものとするのか。特定の警察の任務に費用がかかると思わせたければ、コストを足していけば簡単だが、その気になれば無視することもできる。だから、コストとして出される数字はすべて、ある程度は疑わしいものだ。

二〇一八年のヘンリー王子とメーガン・マークルのロイヤル・ウェディングの警備コストは、二〇〇〇万ポンドから三〇〇〇万ポンドまで、あらゆる数字が出てきた。だが、そういう数字を見たときに覚えていてほしいのは、警察が通常の権限外のイベントを扱う場合は、内務省に追加の資金を申請できるということだ。テムズバレー警察がそのロイヤル・ウェディングの警備を担当したが、資金が潤沢ではなかったので、追加費用ではなく総費用を請求しても許された。だが、そのイベントで警察にかかったコストがその金額だというのが理にかなっていることにはならない。

ときおり、国民保健サービス（ＮＨＳ）が、すっぽかされた予約がどれだけの損害になるかという数字を出している。

二〇一八年一月、ガーディアン紙が、すっぽかされた予約がNHSに与えた損害は年に一〇億ポンドだという切りのいい数字を発表した。八〇〇万件の外来診療予約がすっぽかされ、一件につき一二〇ポンドの損失になるという計算をもとにしている。それだけの費用があれば、二五万回の股関節置換手術ができると言われている。

誤解のないように言っておきたいが、NHSに予約どおりに行くことは大切だ。だが、だからといって、誤った方向に誘導する統計値を使ってもいいことにはならない。

予約一件あたり一二〇ポンドという数字は、NHSの外来診療予約にかかった総費用を予約数で割ったものだ。しかし、すっぽかされた予約がNHSに一二〇ポンドの損害になるということは、医師や看護師や補助スタッフが全員、予約のあった時間にすわって何もしていなかったことになる（それでも平均コストを下回る使い捨ての道具は使用しているだろうが）。実際は、NHSはほぼ間違いなく、予約のスケジュールを立てるときにやってこない人の数を考えに入れているはずだ。そうしていなかったとしても、医師や看護師が役に立つことを何もしていないとか、数分使って遅れを取りもどそうとしていない姿を見た記憶がない。

つまり、すっぽかされた予約はおそらくNHSにはさほど損害を与えていないのだ。それどころか、全員がちゃんとやってきたほうが大変になるかもしれない。余分の二五万回の股関節置換手術はとてもできないはずだ。

原価計算が危険なのは、その算出方法で、何かを安く、あるいは高く見せることが簡単だからだ。

原価計算は何かを高く見せるときによく使われるので、驚くほど高い値札がついているのを見たらいつでも、そのコストはどちらにしても払われなければならないものかどうかを問いかけてほしい。

ビジネスにおける疑わしい原価計算

原価計算をめぐるあいまいさはビジネスの世界にも影響している。

原価が貸借対照表に不可欠なものであることははっきりしている。私がかわいらしいアザラシのぬいぐるみをつくっている会社を持っていると想像してほしい。工場のなかのスペースを借りて、ミシンを買い、縫製担当者を雇い、詰め物とコットンと合成毛皮とプラスチックのパーツを買う。

次に必要なのは、アザラシのぬいぐるみ一個を製造するのにかかる原価の計算だ。ほとんどははっきりしている。ぬいぐるみ一個に必要な材料にかかる費用はわかっている。従業員一人ひとりがぬいぐるみ一個をつくるのにかかる時間もよくわかっているし、彼らの時給もわかっている。

だが、それよりもややこしい問題がある。ミシンが消耗するまでにぬいぐるみを何個つくれるかははっきりしないので、推測するしかない。ミシンの耐久年数は、一年とも、五年とも、十年とも決められる。どれを選ぶかによって、ぬいぐるみ一個のコストに加えるミシンのコストは大きく変わってくる。つまり、ぬいぐるみ一個あたりの利益も大きく変わってくるということだ。

このような計算は会社の管理部門の収支計算でもおこなわれ、会社の経営に使われる。これとは別に出される金額が公表される財務会計で、そこでは複雑な経理規定や恣意的な仮定をいろいろ使って、自社の業績を他の企業と比較できるようなものにする。このような数字が企業の年次報告で発表されるものだ。企業には監視役がいて、自社の財務会計で誤解を招くようなことを避けさせるが、許容範囲であってもごまかせる余地はかなりある。

たとえば、金融危機のとき、金融機関は同じ大手会計事務所に監査してもらっているにもかかわらず、同じ資産に対してかなり差のある査定額を出していた。有名なケースでは、いまは倒産してしまった会社が、明らかに営業費用であるものを複数年投資として申告し、数字を改ざんした例もあった。

　私のアザラシぬいぐるみ会社はとてもシンプルなので、一歩下がってみるだけで、経営方法が理にかなっているかどうかは簡単に確認できる。だが、ほとんどの企業はそれよりずっと複雑で、彼らが使っている管理ソフトウェアや会計システムによって、あとから考えれば明らかに誤解を招くとわかるものを見抜くのが難しくなっている。

　企業のコストと査定額があいまいであることは間違いない。鉄道車両を所有している会社のことを考えてみよう。収支計算書に載せる車両の価値はどうなるだろう。新しい車両、あるいは少なくとも中古車両と交換する場合のコストにすることもでき、その場合は価値ある資産になる。あるいは、寿命を終えた車両をスクラップにする際のコストを載せれば、それは負債になる。


　コストが本当に問題になるのは、企業が決断をするときだ。

　動物園がシロクマを獲得しようとしていて、シロクマのぬいぐるみの入札をおこなうとしよう。アザラシのぬいぐるみをつくっている私の会社は、それによって多様性が生まれるかもしれないと考え、入札に参加することに決める。シロクマのぬいぐるみ一個のコストはいくらになるだろう。合成毛皮も詰め物もプラスチック部品もさらに必要になるので、それはもちろんコストに含めなくてはいけない。さらにあと数人のスタッフも雇う必要があり、それもコストに含まれる。だが、ミシンがすべて稼働しているわけではない日もあるので、使っていないミシンをシロクマに使うことができる。最終的な数字にはミシンのコストの割合を含めるだろうか。私についてはどうだろう。私の時間のいくらかも使うことになるので、自分の給与もシロクマのコストに振り分けるべきだ。工場のスペースや暖房や照明を増やす必要はないが、それらのコストも新製品に振り分けるべきだろうか。

問題は、経費を新製品に振り分けずに製造し続ければ、会社が破産してしまうことだ。だが、経費を多く計上しすぎれば、ぬいぐるみの入札に勝つことができない。したがって、シロクマのぬいぐるみをつくることができるコストで、動物園への提示の基礎となる額を出すが、大切なのは、その数字を科学的事実のように考えないことだ。それは広いコスト範囲のどこかに来るのだから。

実際には、私はおそらくシロクマをつくる追加のコストを計上し、すでにある経費（特定の製品には振り分けられていない管理費や建物の賃貸料や調査費など）をカバーするためにパーセンテージを足し、売れるだけの最低限の価格をつけるだろう。

だが、ここにはもう一つ大事なことがある。それが**埋没費用**だ。

父がかつて、埋没費用の例として職場からの帰宅途中にある花屋の屋台の話をしてくれた。

この売店は平日だけオープンしていて、週末のあいだ切り花を新鮮に保っておく方法がないと考えてほしい。父は金曜の夕方に閉店間際のこの売店のそばを通り、母に花を買おうかと考えた。薔薇の花束が一〇ポンドで売られていたとしよう。店主はそれを五ポンドで仕入れた。父がそれに五ポンド払えば、無駄にせずにすむのでそれを受けいれるのは理にかなっている。三ポンドならどうだろう。損になるから店主は断るべきのように思われるが、実際は店主が花に払った五ポンドは埋没費用だ。その金はもうなく、戻ってこないので、薔薇の代金として三ポンド受けとるべきなのだ。そしてロマンチックなギフトと言えば、経済学の論理と割り引かれた花だ。

私のぬいぐるみ会社では、アザラシ市場が突然急落し、どうにもできない白い毛皮が残ってしまった。埋没費用の損失を最低限にするために、シロクマのぬいぐるみをもっと安い価格で売ることにするかもしれない。たとえそれが作成にかかるコストより下回っていても、安く売ることで、それをまったく製造しなかった場合よりも損失は少なくなる。

シロクマを契約する入札に参加するのはシンプルだが、橋の建設のような複雑なものの契約に入札することを想像すると、そこではすべてのコストが見積もられる。不明なことが山のようにあるからだ。悪天候のために橋の建設が予定よりずっと遅れるかもしれないし、予定地で第二次大戦中の不発弾が見つかるかもしれない。そのように不確かなことが多いので、大きなプロジェクトのコストを正確に予測するのは非常に難しい。

二〇一二年のロンドン・オリンピックの例を考えてみよう。開催地として立候補するかどうかを決めるとき、原価計算をした人たちは、実際のオリンピックがどのようなものになるのか、ほとんどわかっていなかった。コストは二五億ポンドから三八億ポンドまでのあらゆる数字が出されたが、実際にかかった費用は九〇億ポンドに近かった。

根拠に基づく政策決定という考えは広く支持されているが、その根拠がまったく間違っていた場合でも良い考えだと言えるだろうか。

当時高級官僚だった人にそう訊いてみたら、原価計算が間違っていることはみなわかっていたので、間違っていてもいいのだと言っていた。

意思決定の基本となるものに対する考えかたとしてはずいぶん変わっている。原価計算が間違っているとみながわかっていたのなら、かなりのコストになるがそれでもいいと思うかを、政府は訊くべきではないだろうか。

イギリス政府は直面しなかったが、スイス当局が二〇二二年か二〇二六年の冬季オリンピック開催地にリゾート地のダボスとサンモリッツを立候補させようとしていたときに問題が起こった。どちらの回も、立候補するかどうかの住民投票があった。私はダボスで住民に立候補支持を訴えるイベントに参加したが、そこではかなりのご機嫌取り作戦がおこなわれていた。結局、住民はどちらの年のオリンピックにも立候補しないことを選択した。

有権者のあいだで大きな懸念となっていたのが、コストがつねに最初の見積もりから悪い方向に進んでいくという話が出ていたからだ。二〇一二年のロンドン・オリンピックでも立候補するかどうかの住民投票がおこなわれていれば、成功していたかどうかは疑問だ。

大規模で高額のプロジェクトに関する決断をするときの問題は、利益の金銭的価値も考えなければならないことだ。オリンピックの場合は、国民の運動に対する意欲を高めるというような、複雑で漠然とした事例も含まれている。

別の例をあげれば、ロンドンとバーミンガムを結び、そこからマンチェスターとリーズまでを結ぶHS2高速鉄道の原価計算は、特に綿密に計算された。とりわけ、列車で過ごす時間がビジネスマンにとっては完全な時間のロスであるという想定をもとにその利益が出されている。鉄道の支持者は、ロンドンとバーミンガム間の移動時間が三〇分短縮されるので、その三〇分を仕事時間に充てることができ、経済価値が高まると主張している。

だが、これをそのまま受けいれることはできない。座席にすわっている場合は、列車のなかでの生産的な作業が可能だからだ。

ここでも数字を出すためにかなりの当て推量が使われている。

政府が大きな金額を支出する場合の決断がすべてこのようなリスクの高い数字をもとにしている。これでは根拠に基づく政策決定は時間の無駄になってしまうのではないだろうか。

そうではないことを願うが、**予測されるコストや利益はどんなものであっても不確かだと認識しておくことが大切**だ。


このことがあなたにとってどのように役に立つだろう。

コストがらみの主張を扱うときに気をつけておけば、誤った方向に導かれなくなる。ビジネスや大きなプロジェクトのコストが不正確だということを覚えておいてほしい。

原価計算の手順にどれだけの余白があるのかがわかれば、その動機を考えることができる。コストを誰が見積もったのかを見て、その金額を高く、あるいは低く見せたがる理由があるかを考えればいい。

見出し作成者は雪のコストを大きくしたいか小さくしたいか？　大きなプロジェクトをはじめようとしている政府はそのコストを高く見せたいか低く見せたいか？

動機を考え、そのコストがどちらにしても負担されるものかどうかを確認すれば、目の前の原価計算にどれだけの信頼がおけるかがよくわかるはずだ。

第四章

パーセンテージ

STATISTICAL

ひとりぼっちのパーセンテージに気をつけろ

パーセンテージというのはとても便利なツールで、数字を理解する助けとしても妨げとしても使われる。パーセンテージは小学校の算数で教えられており、ほとんどの人が理解していると言うだろう。だが、同僚が理解できなくて私がとても驚いたことのある、ちょっとした数学も含まれる。

キャリアの初期のころ、私はロイター金融テレビで働いていて、そこでは金融のプロが観るためのかなりインテリ向けの経済・ビジネス番組を制作していた。私は〈Equities Briefing（株式ブリーフィング）〉という番組の編集担当で、この番組は企業に関するニュースを扱っていた。良い番組で、つくっていて楽しかったし、同僚たちも熱心で、特に私が強制的なランチ休憩を導入してからは熱心になった。

その番組で働いていたあるフリーのスタッフの仕事には、企業の発表、一般的には業績に関する短い文を書くことも含まれていた。私たちはいつもそこに企業の税引き前利益がどう動いたかとパーセント変化を入れていた。

彼女が働きはじめた日、番組スタートの五分前に原稿をチェックすると、内容はすばらしかったのだが、利益がxパーセント上昇したと書かれていて、数字がなかった。その時点で彼女は、経済学の学位は持っているのに、パーセント変化を出せないことを認めたのだった。

彼女の記憶では、そのとき私は（うれしいことに）不機嫌にはならず、ディレクターが番組のカウントダウンをしているあいだに毎朝いっしょにパーセント変化を計算するようになった。

パーセンテージに苦労しているのは彼女だけではないが、実はとてもシンプルで、身のまわりの数字を理解するためにはとても重要なものだ。この章では次のようなテーマを取りあげる。

- パーセンテージの出しかた
- パーセンテージによって誤った方向に導こうとしている場合の見分けかた
- 福利とそれによって大きなパーセント変化を理解する方法

パーセンテージの出しかた

そのロイターの同僚は大きな成功をおさめたが、その原因の一部はパーセンテージについての新しいスキルを身につけたおかげであればいいと思っている。

大勢の人がパーセンテージを理解していないが、ほとんどの人はそれを認めようとはしない。この本には計算問題はあまり載せていないが、パーセンテージに関しては、対処できると言っている人と、実際にできる人のあいだには大きな溝があるようなので、ここでその方法を教えようと思う（いままでそれを読む必要があるかどうかを誰も知らなくてもよかった方法だ）。

いまでは同僚の多くがオンラインのパーセンテージ計算機を使っているのを見ているし、それはまったくかまわない。テストを受けているわけではないのだから。だが、それがどうやって出されるのかを一から理解するために言っておくべきことがある。**仕組みを知れば、数字に違和感を覚える感覚を高めてくれる。**

目にするであろうパーセンテージには三種類ある。


一．この数字のxパーセントはいくつになるか？

コミック・ロックバンドのハーフ・マン・ハーフ・ビスケットは〈ガーゴイルの九九パーセントはボブ・トッドに似ている〉という曲をつくった。ボブ・トッドはベニー・ヒルなどのコメディアンといっしょに仕事をしていた俳優だ。ミラノのドゥオーモには世界じゅうのどの建造物よりも多くの像があるが、そこには九六体のガーゴイル（ゆがんだ顔の彫像で、建物の吐水口として使われているものを〝ガーゴイル〟と呼ぶが、そうでなければただのグロテスクな代物だ）がある。ミラノの大聖堂のガーゴイルのなかのいくつがボブ・トッドに似ているかを、ハーフ・マン・ハーフ・ビスケットの意見が正しいと考えて知りたいと思ったら、まず一〇〇分の九九、つまり〇・九九という数字を出す。そしてそれをガーゴイルの数である九六に掛けると、そのうちの九五体がボブ・トッドに似ていることがわかる。

二．この数字はあの数字の何パーセントになるか？

第二章で取りあげたウィスカスの宣伝文句に戻ると、一〇匹のうち八匹というのは何パーセントだろう。パーセンテージを出すためには、一〇分の八、つまり〇・八という数字を出し、それに一〇〇を掛けると答えが出る。八〇パーセントだ。

三．数字におけるパーセント変化とは何か？

多くの人を困らせるのがこれだ。ロイター金融テレビの私のアシスタント・プロデューサーもそうだった。二〇一六－一七シーズンで、ＵＥＦＡチャンピオンズリーグではゴール数が三八〇で、二〇一七－一八シーズンでは四〇一だった。これをパーセント変化で表したいときは、新しい数字から古い数字を引き（四〇一－三八〇）、増えたゴール数が二一であることを出す。それを古い数字で割り、それに一〇〇を掛ける（ここでよくミスが起こる。新しい数字で割ってしまう人が多いのだ）。すると、二一÷三八〇×一〇〇で、五・五パーセントになる。つまり、チャピオンズリーグのゴール数が五・五パーセント上昇したことになる。練習したければ、二〇一五－一六シーズンのチャンピオンズリーグのゴール数は三四七だったので、二〇一五－一六と二〇一六－一七のパーセント変化を出してみよう。答えはこの章の最後に載せている。

サッカーの話題を続けると、選手が一一〇パーセントの力を出したと言うのを聞いて、人はよく怒る。そんなことは不可能だからいらつくのだ。数字に関することになると私はたいてい真っ先に反応するのだが、これについてはさほどいらつくことはない。第一に、選手が意味することはみなわかっているし、第二に、前回の試合で出した力の一一〇パーセントを出すと言っているとしたら、それはまったく可能なことだからだ。

だがこれは一〇〇を超えるパーセンテージの話になり、ややこしくなる。

仮想通貨ビットコインに関する二〇一七年の見出しを見てみよう。その年の一月から九月のあいだに、ビットコインの価格は約一〇〇〇ドルから約五〇〇〇ドルまで上昇した。パーセント変化はいくらになるだろう。よければ、答えを見るまえに先に述べた方法で計算してみてほしい。

そう、四〇〇パーセントの上昇だ。五〇〇パーセントだと思った人も少なくないだろう。私の統計学のクラスでは、ほとんどの人がその間違いを犯す。

覚えておいてほしい。一〇〇ドルは最初の価格の一〇〇パーセントだ。

一〇〇ドルから二〇〇〇ドルは一〇〇〇ドルの上昇なので、一〇〇〇パーセントの上昇になる。

三〇〇〇ドルならば二〇〇〇パーセントの上昇。

四〇〇〇ドルならば三〇〇〇パーセントの上昇。

五〇〇〇ドルは四〇〇〇パーセントの上昇だ。

これからわかることは、人は一〇〇パーセントを超えるパーセンテージを理解していないということだ。理解しているのは倍数なので、ビットコインの価格は五倍になったと言う方がずっと楽だし、ほかの人にも理解してもらえる。

それに、すぐにビットコインを買いにいこうとするまえに念頭に置いてほしいのだが、ビットコインは二〇一七年一二月には一万九〇〇〇ドルを超える価格にまで上昇したが、二〇一八年二月には七〇〇〇ドル未満まで下落したので、素人は手を出さないほうがいい。

パーセンテージを扱う際に避けたいもう一つの落とし穴が、**増加率とパーセントポイントの上昇の違い**だ。二つのパーセンテージを比較するときに重要になってくる。

たとえば、試験を受けて二五パーセントの点数しか取れなかったとしよう。ふたたび挑戦して、今度は五〇パーセントの得点になった。テストの点が一〇〇パーセント上がったこと（二倍だから）と、二五パーセントポイントの上昇（二五パーセントから五〇パーセント）であることはすぐにわかる。この二つを混同しないことが大切だ。

三回目の挑戦で五五パーセントの得点になったとしたら、どれだけ上達したことになるだろう。点数は五〇パーセントから五五パーセントになったから、五パーセントポイントの上昇だ。だが、五は五〇の一〇パーセントだから、点数は一〇パーセント上昇したと言うこともできる。

二〇一七年一一月、イングランド銀行は金利を〇・二五パーセントから〇・五〇パーセントに引きあげた。これは〇・二五パーセントの上昇と広く報道されたが、それは間違いで、一〇〇パーセントの上昇（二倍だから）か、〇・二五パーセントポイントの上昇だ。ほとんど誰も「金利が二倍に」という見出しはつけなかった。そうなっていれば、心惹かれる見出しにはなっていただろう。二五ベーシス・ポイントや二五ｂｐｓと表現されているのを聞いたかもしれない。ベーシス・ポイントとは金融業界の専門用語で〇・〇一パーセントのことだ。

パーセンテージで理解が難しい別の例が、上昇と下降で同じにならないことだ。何かが五〇パーセント下降してから五〇パーセント上昇しても、最初の位置には戻らない。一ポンドの株を買って、それが五〇パーセント下降すれば、五〇ペニーになる。それから五〇パーセント上昇したら七五ペニーだ。

急落してからわずかに回復したものを追っているときには特に危険だ。大きな下降であれば、わずかな回復でもパーセンテージで表すと大きな数字になる可能性がある。

これの良い例が、ビニール盤レコードの売り上げだ。レコードの売り上げは一九七〇年代がピークで、出荷が年間約九〇〇〇万枚に達していた。これは出荷であって、売り上げではない。レコードが店に並んだだけで売れていなくても、この数字は変わらない。さらに、これはレコード盤の数なので、二枚組のアルバムは二枚と数えられる。トレンドがあいまいであれば問題かもしれないが、そうではない。レコードの出荷は一九七〇年代後半から一九九〇年代初期に下がり、そこから年一〇〇万枚以下にまで落ちこんだ。年九〇〇〇万枚から一〇〇万枚というのはおよそ九九パーセントの下降だ。最初はＣＤ、そしてダウンロードとストリーミングがロックの時代に選ばれるメディアになっていった。

英国レコード産業協会（ＢＰＩ）はイギリスのレコード音楽業界を代表する協会だが、あらかじめ説明することもなく、一九九四年にレコード盤の売り上げを正式に記録しはじめた。その年の売り上げは約一五〇万枚で、そこから二〇〇七年には約二〇万枚にまで落ちこんだ。しかし、そこから回復に転じ、二〇一四年にはふたたび一〇〇万枚を超え、二〇一七年には四一〇万枚に達した。レコードの売り上げは九九パーセント下落してから、一九〇〇パーセント上昇したと言うこともできるが、そう聞くと、レコードの売り上げが天井知らずに上がって、前代未聞の数のレコードが売れたように思われる。もちろん、そうではない。レコード盤の回復は目覚ましいものではあるが、それでも一九七〇年代のピーク時に年九〇〇〇万枚を出荷していたレベルよりはかなり下回っている。

パーセンテージが上昇時には下降時より大きくなるのは、一〇〇パーセントを超えて下降することは不可能だからだ。先週の試合の一一〇パーセントの力は出せても、前回よりも一一〇パーセント下回る力を出すことは絶対にできない。

これでパーセンテージとパーセント変化の出しかたがわかったので、一〇〇を超えるパーセンテージは避ける必要があることを頭に入れ、パーセント変化とパーセントポイント変化の違いも理解できた。パーセンテージが上昇時には下降時よりも大きくなることがわかり、ミラノのドゥオーモにあるガーゴイルのうちいくつがボブ・トッドに似ているかもわかった。

この知識を身につけていれば、**ニュースで報道されているパーセンテージの一部に疑問を抱くことができ、誤った方向に導かれるかもしれないときに直感が働くようになる**だろう。

パーセンテージによって誤った方向に導こうとしている場合の見分けかた

パーセンテージだけで表されている数字、私はこれをひとりぼっちのパーセンテージと呼んでいるが、そういうものを見たときには、**理由があってそうなっているのか、絶対数では別の話になっているのかを考えなければならない。**

レコード盤の例では、レコードの売り上げがピーク時にまで回復していると思わせたければ、パーセンテージの上昇の話だけをするだろう。大きな回復ではあるものの、それでもレコードの売り上げはピーク時よりずっと低いことをはっきりさせたければ、売り上げ枚数を使うだろう。

ＥＵ離脱の国民投票期間に繰りかえし議論されていたのは、イギリスの企業が他のＥＵ

諸国の企業を必要とする以上に、他のEU諸国がイギリスの顧客を必要としているかどうかだった。これは、イギリスがブレグジットのあとで有利な貿易協定を結べるかどうかという議論で使われていた問題だ。

有名な離脱支持者のリアム・フォックスは、EUがイギリスとの物品の貿易で黒字を出していることを何度も繰りかえした。つまり、イギリスが他のEU諸国に売る以上にEUがイギリスに売っているほうが多いということだ。イギリスはEUとのサービスの貿易では黒字を出しているが、物品での赤字を相殺できるほど大きくはない。

物品貿易だけを見てみると、二〇一五年にはイギリスは他のEU諸国に一三四〇億ポンドの物品を輸出しており、二二三〇億ポンド分を輸入している。したがって、EUのほうがイギリスを必要としているという議論をしたければ、こういう数字を使うだろう。

その一方で、同じ年にイギリスの全輸出品の四七パーセントが他のEU諸国に売られたのに対して、他のEU諸国からは輸出品の一六パーセントしかイギリスに入ってきていない。したがって、イギリスのほうがEUを必要としているという議論をしたければ、このパーセンテージを使うだろう。

貿易統計が金額(何十億ポンド)で表されていれば、その話は離脱支持者から出ていて、パーセンテージで表されていれば、残留支持者から出ている可能性が高い。**どちらの数字も正確**

ではあるが、語られる内容が違ってくる。

貿易統計でパーセンテージが使われることを見てきたが、ボリス・ジョンソンはイギリスが欧州単一市場では相対的に輸出が振るわない状態だと何度も言っていた。一九九二年に欧州単一市場が創設されてからの二〇年間で、EUに加入していない二七の国は単一市場に輸出しているイギリスよりも良い結果を出していると言っている。彼が引用している数字は、単一市場の創設メンバーである一一カ国への物品輸出のパーセンテージ上昇だ。

ジョンソンが話しているのは、どの国の輸出額がいちばん多いかではなく、輸出の伸びが最大だったかだ。リストのトップにあるのはベトナムで、一カ月の輸出額が七三〇〇万ドルから四億ドルに伸び、五四四パーセントの上昇になった。目覚ましい成長ではあるが、実際の輸出額はその期間の末でもまだそれほど多くはない。

一方、イギリスはリストではずっと下のほうで、〝わずか〟八一パーセントの伸びだが、その期間の末までに一カ月あたり二三九億ドルの物品を単一市場に輸出している。

ここでもまた、どちらの数字も正確ではない。成長した輸出国が成功した国だと定義することが理にかなっていないわけではない。実際、成長率は経済学者や政治家がもっとも興味を抱くものだ。だが、それと同時に金額がなければ、全体の構図は見えない。この場合は、イギリスはパーセンテージでは低いものの、金額ではずっと高い。

パーセンテージは数字をわかりやすく表現する場合にはとても便利だが、ひとりぼっちのパーセンテージしか出されていない場合には、どうしてそうなったのかを考えるべきだ。数字が真実であるには理にかなっているようには思えない場合に、もう一つ調べるべきなのは、**パーセンテージが正しい数字で割られたものかどうか**だ。

たとえば、元北アイルランド相のオーウェン・パターソンが二〇一七年一二月に〈BBCブレックファスト〉で、英国とアイルランド共和国との貿易は〝かなり少ない〟と述べ、その主張を裏づける数字を出した。これがすぐに疑わしいものだとわかったのは、距離の近い国同士の貿易はかなり多くなる傾向があるとわかっているからだ。〈リアリティ・チェック〉チームが彼の出した数字、特に北アイルランドの輸出額の五パーセントがアイルランド共和国向けだということについて調べた。

ミスター・パターソンはわれわれに数字の出どころを示したが、調べてみると、北アイルランドからアイルランド共和国に行っているのは輸出品の五パーセントではなく、北アイルランドで生産されるすべての物品とサービスの五パーセントがアイルランド共和国に輸出されていることがわかった。彼は共和国への輸出額の合計を北アイルランドでの全生産額、つまり北アイルランド内で消費されるものも含めた額で割っていたのだ。輸出額を測る方法としてはおかしなやりかただ。

北アイルランドから実際に共和国に輸出されている割合を調べると、三七パーセントになり、これは〝かなり少ない〟とはとても言えない数字だ。

さいわい、ミスター・パターソンはその翌日に国会で演説するまえに「北アイルランドの売り上げの五パーセントしか国境の南には行っていない」という主張に変えた。それは正確な表現だが、国内での売り上げも含めた数字の割合として輸出額を出すというのは異例だし、この主張はブレグジット後には北アイルランドの国境問題が〝簡単に克服できる〟という主張を支持するために使われていたのだ。


この例における問題は、アイルランド共和国での売り上げの数字ではなく、パーセンテージの数字を出すために何で割られたのかだ。

自分が見ているパーセンテージが少し高いとか低いと感じたときは、何で割られたのかを確認してほしい。

そして、何で割られたかという混乱について語ったついでに、もう一つ確認すべきことをちょっと見てみよう。

雇用率と失業率は足しても一〇〇パーセントにはならない。雇用率とは全人口における雇用者の割合だ。失業率とは労働力人口における失業者の割合だ。

この二つの差は人口における非労働力の部分で、これは働いていない人のうち、働けない人や、仕事を探していない人を示す。

ラジオでこんな話を聞いたことがある。イギリスに住むパキスタン系の人の雇用率で男女差が大きいのは、パキスタン系の女性が家庭にとどまり、家族の世話をしたいからだという意見だった。これは統計的には正しい。その後、同じ番組でその調査に関する話があり、男女間の失業率には差があると言っていたが、それは正確ではない。家族の世話をするために家庭にとどまっている女性は労働力人口に入らないため、失業率には含まれないからだ。

さらに確認すべきなのは、数字が何かで割られるべきなのは明らかなのに、割られていない場合だ。

二〇一八年五月二二日にこんなことを尋ねている見出しを見た。「ノッティンガムのどこでいちばん犯罪被害に遭いやすいか？」

これは、押しこみ強盗や路上強盗や麻薬取引のような犯罪についての内務省の報告を地方のメディア（ノッティンガムシャー・ライブのウェブサイト）が報道したものだ。この記事では、市の中心部では一万二三五七件の犯罪が記録されているので、そこがいちばん犯罪に遭いやすい場所になっている。

だがここでは、市の中心部で働いている人や毎日そこを通る人の数を考慮に入れていない。

市の中心部で働く人や毎日そこに行く人は、静かな住宅街にいる人の数倍になると思うはずだ。ノッティンガムの中心のほうがその他の地域よりも自転車泥棒が多いと聞いても、驚くことはないだろう。その地域の人数についてのなんらかの測定値で割らないかぎり、犯罪の犠牲者になりやすい場所がどこかを言うことはできない。

パーセンテージはとても役に立つことが多いが、自分が興味を持った指標がパーセンテージを出すために何で割られているかに注意し、ひとりぼっちのパーセンテージにはだまされないようにしてほしい。

複利とそれによって大きなパーセント変化を理解する方法

複利というのは、口座を放置しておいた場合に預金を速く増やす方法を説明する業界用語にすぎない。これがニュースのなかの大きなパーセント変化を理解しようとするときにはとても大切になる。

その仕組みを説明するためにある例からはじめよう。金額をわかりやすくするために、一〇パーセントの利息を払ってくれる定期預金口座を見つけたと想像してほしい。非現実的だということはわかっている（いまが一九九〇年代だとか、マダガスカルあたりに住んでいると想像すればいい）。一〇〇ポンドを預金して、口座に放置しておく。

一年目：一〇パーセントの利息を得るので、一〇ポンドになり、合計一一〇ポンドになる。
二年目：一一〇ポンドの一〇パーセントの利息を得るので、一一ポンドになり、合計一二一ポンドになる。
三年目：一二一ポンドの一〇パーセントの利息を得るので、一二・一〇ポンドになり、合計一三三・一〇ポンドになる。
一〇年目の終わりには、二五九・三七ポンドになる。
二〇年目の終わりには、六七二・七五ポンドになる。

つまり、口座の金額が増えていくので、受けとる利息も毎年増えていくことがわかる。長期にわたった場合には、複利の影響が非常に大きくなる。
これを表現しているいちばんいい例が、ダグラス・アダムスの一九八〇年の小説『宇宙の果てのレストラン』（河出書房新社）だ。そのレストランは巨大な時間泡に封じこまれている状態で、宇宙が終末を迎えるまさにその瞬間に向かって進んでいて、客はすべての創造物が爆発するのを見ながら豪華な食事をとる。この話を取りあげた理由である興味深い要素が、その支払い方法だ。

「あなたの時代に一ペニーを定期預金に預けるだけでいい。そうすれば、宇宙が終末を迎えるころには複利によって莫大な食事代もすでに支払われている」

タイムトラベルは銀行のシステムに大混乱を引き起こすが、これはいいアイデアだ。もっと現実的な一パーセントという利率の口座にきょう一ペニー預金すれば、一〇ペンスになるまでに二〇〇年以上かかり、一ポンドになるまでに四六三年かかる。だが、一〇〇〇年たつとスピードが速まり、二〇九・五九ポンドになる。そうなれば、二人分の充分な食事代になる。ただしそれはインフレを無視できる場合にかぎり、インフレによっては予定が狂うかもしれない。三二四〇年たつと、一兆ポンドになる。宇宙はあと六〇億年は終わらないと思われているので、どれだけの金額になるかはわかるだろう。だが、そのためには本当に安定した経済とかなり持久力のある銀行を選ばなければならないが。

複利は銀行口座にかぎったことではない。オックスファムは二〇一一年に「より良い未来を耕すために」という報告書を発表し、世界の食料価格が二〇三〇年には倍以上になると報告した。

それについて考えると、食料価格は複利と同じ方法で動いているのがわかる。一年ごとの上昇は前年の価格に上乗せするからだ。その報告書では、食料価格は一二〇パーセントから一八〇パーセントのあいだまで上がると予測している。

まず言えるのは、その幅が広いことで、そこから二〇年後に起こることを予測するのはかなり不確実であることがわかる。だが、それは大きい数字なのだろうか。

二〇年かかっての一二〇パーセントの上昇ということは一年で四パーセントになる。二〇年で一八〇パーセントなら一年で五・三パーセントだ。世界の食料価格として大きな上昇と言えるだろうか。

国連の食糧農業機関（ＦＡＯ）が出している食料価格指数を見れば、この報告が発表されるまえの一〇年で食料価格が二倍になったことがわかる。

つまり実際には、予測されている食料価格の上昇は、食料価格の上昇としてはかなりスローダウンであるが、それだといい見出しにはならなかっただろう。

残念だったのは、その報告書の発表が食料価格が倍になるという文とともに出されたことだ。その報告書のなかにはもっと重要な予測があったと思われるからだ。価格上昇を知っても、賃金がどうなるかがわからない状態では、あまり役に立たない。みながもっと賃金を受けとるようになれば、価格が上がってもあまり問題にはならない。しかし、これは明らかに事実ではないので、より重要なのは、貧しい人々のほうがいまよりも食料に使う金額の割合がずっと高くなるという予測だ。

後知恵はすばらしく、将来を予測するのは愚か者のすることだが、ＦＡＯの食料価格指数をいま見ると、二〇一一年が世界の食料価格のピークで、そこから価格は下降し続けていることがわかる。その指数は五つの主要食品グループの価格をもとにしている。肉、乳製品、シリアル、植物油、砂糖だ。下降の一因は生産量の増加で、これはオックスファムの報告が影響した可能性もある。さらに米ドルの上昇も関係している。食品価格はドル建てで記録される傾向があるので、ドルが高くなると同じ金額でも多くのものが買えるようになる。ここからわかるのは、今後二〇年の予測をするのは避けたほうがいいということだ。

この章の目的のために言っておくと、**大切なのは、二〇年後に倍になると言うと一年に四パーセント上昇すると言うよりもずっと大きく聞こえるのを理解すること**だが、複利でも同じことが言える。数十年にわたる予測をすることは、不確かな部分が非常に大きくなるが、時間の経過によって複利の利息が大きく変わることがわかれば、予測が理解しやすくなるだろう。

結論としては、絶対数のないパーセンテージで良しとしないことだ。

この理由については、第九章でリスクを取りあげたときにさらに述べるつもりだ。

必要のない人を怖がらせるのはとても簡単だ。

一〇〇パーセントを超えるパーセンテージを使わないことを覚えておいてほしいのは、誰にも理解してもらえないからだ。ほとんど誰もパーセンテージとパーセントポイントの違いがわからないが、あなたはもう理解しているし、その違いは大切なことだ。

多くの人とは違って、あなたはもう複利が貯蓄を増やすのは、前年に得た利息を含んだ金額に利息がつくからだということも理解している。したがって、何かが長期間で大きく上昇するときには、複利のことを考えてほしい。あるいは、創造物がすべて自分のまわりで爆発しているあいだに豪華な料理を食べるために貯金をしようとするときには。

パーセンテージは人を騙すために使われるかもしれないが、その仕組みがわかっていればそうはならない。

そう、二〇一五―一六シーズンと二〇一六―一七シーズンのあいだのチャンピオンズリーグでのゴール数の上昇は九・五パーセントだ。

第五章

平均

STATISTICAL

自分が話している内容がわかること

惜しくも亡くなられた統計学の天才ハンス・ロスリング(一九四八~二〇一七)は、スウェーデンに住む人の脚の数の平均は二本未満だと指摘した。三本以上の脚を持つ人はいないし、人数は少ないが、脚が二本未満の人はいるので、平均値は二をわずかに下回る。

これが意味することは、スウェーデンのほぼすべての国民(そしてもちろん世界のほぼすべての人)は、平均以上の本数の脚を持っているということだ。この平均値は、スウェーデン人が実際に経験することをまったく反映していない。

これは、**正確に計算された平均値が役に立たない場合もある**という良い例だ。なぜそうなるかと言うと、数字の現れかたを無視して、そのデータセットのなかにいる実際の人については何も言っていないからだ。

この章では、平均と、それがどのようにデータの集まりを明確にするか、あるいは混乱させるかを見ていく。

平均は便利だし、代表的な値にもなるが、範囲の中央にある値を示すとはかぎらず、全体像を明らかにはできない場合もある。平均はデータセット全体のなかで何が起こっているかを便利に示す一つの数字を見つける方法だが、極端な部分で起こっていることや数字がどれだけ広がっているのかを隠してしまう場合もある。それでも、平均値はつねにニュースで使われていて、たいていは疑問を持たれることはない。

この章では数多くの数字が出てくるが、いやにならないでほしい。要点は難しいことではない。この章では以下のことを取りあげる。

・平均値、中央値、最頻値の出しかた
・平均の選択によってどのように誤った方向に導かれるか
・範囲の測定

平均値、中央値、最頻値の出しかた

平均には三つの測定法がある。**平均値**と**中央値**と**最頻値**だ。

平均値はすべての数字を足して、それを数字の数で割って出す。たとえば、あなたがクリケット選手で、シーズン末に自分の平均スコアを知りたかったら、自分があげた得点数をすべて足し、それを打数で割ればいい（そう、クリケット・ファンのみなさん、自分が〝アウトにならなかった〃数を入れなければならないことはわかっているが、私がバットを振るところを見たことがある人ならみな、私がそのことをあまり気にしていない理由がわかるだろう)。平均という言葉を使うときには、通常は平均値を指している。

中央値は中間の数字だ。したがって、二九人の生徒がいるクラスのテストで中央値の点数を知りたかったら、点数の順番に並べて、一五番目の点数を見ればいい。生徒数が三〇人であれば、一五番目と一六番目のあいだの点数になる。

最頻値はあまり使われることはないが、ときには便利になる数字だ。これはいちばんよく現れる数字のことだ。フランスのプロサッカー選手の年齢の最頻値を知りたければ、選手がいちばん多い年齢のことになる。通勤にどのような移動手段を使っているのかの調査をする場合は、最頻値を使えば、いちばん多くの人が使っている手段がわかるので便利だ。

最頻値のもう一つの良い使いかたとして、一九六四年のイングランドとウェールズでの平均死亡年齢を当ててみてほしい。

死亡年齢の平均値は六五歳で、これはその年に亡くなった人の年齢をすべて足して、亡くなった人の数で割れば出る。だが、死亡年齢の最頻値は、亡くなった人がいちばん多い年齢だ。そして一九六四年には〇歳だった。一歳の誕生日を迎えるまえに亡くなっていた人がほかのどんな年齢よりも多かったのだ。一九六四年には、それはたいして驚くことではなかったはずだ。それ以前のほとんどの年がそうだったのだから。

だが、その後そういうことはなくなり、現在それを知って衝撃を受けるのは、医療、とりわけ助産術と新生児集中治療の目覚ましい発展のあかしだ。二〇一六年のイギリスでは、死亡年齢の最頻値は八六歳になっている。平均値は七八歳。ちなみに、中央値は八一歳だ。

なぜこれが問題になるのだろう。**平均として出される数字を見て、それを平均値だと思っても、実は中央値である場合がある。**そうなると大きな違いが出てくる。

二〇一八年五月、アーセナル・フットボール・クラブで、アーセン・ベンゲルが監督として最後のホームでの試合になった対バーンリー戦のスターティング・メンバーの年齢を使って、この例を確認してみよう。

選手	年齢
ペトル・チェフ	三五歳
エクトル・ベジェリン	二三歳
カラム・チャンバース	二三歳
コンスタンティノス・マヴロパノス	二〇歳
セアド・コラシナツ	二四歳

アレックス・イウォビ　二二歳
グラニト・ジャカ　二五歳
ジャック・ウィルシャー　二六歳
ヘンリク・ムヒタリアン　二九歳
アレクサンドル・ラカゼット　二六歳
ピエール＝エメリク・オーバメヤン　二八歳

まずは平均値を出してみよう。年齢をすべて足すと二八一になる。それを選手の数である一一で割ると、平均年齢は二五歳半になる。中央値を出すためには、すべての年齢を順番に並べる。二〇、二二、二三、二三、二四、二五、二六、二六、二八、二九、三五だ。

そして中央の数字を見ると、この場合は六番目になる。六番目の選手にとってはチームの半分が自分より年下で、半分が自分より年上になるからだ。この場合の中央値の選手はグラニト・ジャカで、二五歳だ。

そして最頻値は二三歳と二六歳の二つになる（その年齢の選手が二人ずついるからだ）。

平均値と中央値はほぼ同じになり、その日のアーセナルのスターティング・メンバーの年齢層を代表する数字になっている。

では、ここで想像してみよう。

スコアが五－〇になり、ベンゲル監督は八二六回目のプレミアリーグの試合で、サイドラインから試合を見ていることに飽きてしまい、自分が出場して若い選手たちにやりかたを見せることにする。ウォームアップをし、コートを脱いで、新品同様の紅白のユニフォーム姿になり、第四の審判員に交代のボードを上げるように言って、いちばん若いコンスタンティノス・マヴロパノスと交代する。

ベンゲルは六八歳だったので、そうなったときの平均を見てみよう。

すべての年齢を足すと、今度は三二九歳になる。これを一一で割ると三〇にわずかに足りない数になる。これは先ほどの二五・五歳よりかなり高い。中間値を出すためにはふたたび年齢順に並べなければならない。二二、二三、二三、二四、二五、二六、二六、二八、二九、三五、六八だ。

そして、中間の六番目の年齢は、今度は二六歳になり、最初より一歳高い。最頻値は変わらない。

ほかの数字とはかなり違う数字をひとつ加えた。これを統計学者は**外れ値**と呼ぶ。平均値はかなり高くなったので、それより年齢が高い選手は二人だけになるが、中央値はわずかに変化しただけだ。

ここが肝心な点だ。外れ値によって平均値にゆがみが出るのを防ぎたい場合には、通常は中央値を使う。

コツをつかんだことを確認するために、別のデータセットでもやってみよう。二〇一七年に〈ストリクトリー・カム・ダンシング〉に出演している有名人たちの年齢を使う。

このデータセットを使うのはとても楽しく、半分進んだ時点で決勝に進むのはどのカップルかが予測可能かどうかを〈リアリティ・チェック〉のために確認した。その結果、合理的な理由がないわけではなく、それまでに獲得していた点数によってかなり予測可能であり、出演者がサンバ、ルンバ、チャチャチャ、ジャイブではわずかに低い点数を取る傾向があることがわかった。

いちばん興味深かったのは、番組がはじまってから一四シリーズを越えるとポイントの急上昇があったように見えることで、それは実のところ、シリーズの長期化によるもので、出演者が経験を積み、より高い点数を取れるようになったからだ。しかし、いっしょに仕事をしている統計学者たちと私は、そのシステムに明らかなかたよりは見つけられなかった。

次にあげるのが、二〇一七年九月九日時点での出演者たちの年齢だ。

ダンサー	年齢
ジェマ・アトキンソン	三二歳
デビー・マギー	五八歳
チジー・アクードル	四三歳
ルース・ラングスフォード	五七歳
アストン・メリーゴールド	二九歳
リチャード・コールズ	五五歳
デブード・ガダミ	三五歳
サイモン・リマー	五四歳
シャーロット・ホーキンズ	四二歳
モリー・キング	三〇歳
アレクサンドラ・バーク	二九歳
スーザン・カルマン	四二歳
ジョー・マクファデン	四一歳
ジョニー・ピーコック	二四歳
ブライアン・コンリー	五六歳

平均値からはじめよう。すべての年齢を足すと六二七になる。ダンサーの数の一五で割ると四一・八歳だ。

中央値を見つけるには、年齢の順番に並べて、まんなかのものを見つける。年齢順に並べると、二四、二九、二九、三〇、三二、三五、四一、四二、四二、四三、五四、五五、五六、五七、五八になる。

八番目の年齢は四二歳なので、平均値と中央値はかなり近いことがわかる。最頻値は二つあり、二九歳と四二歳だ。

ここで、世界最高齢の人が〈ストリクトリー〉に参加したと想像してみよう。間違いなく有名人ではあるが、番組に長く出続けていたら驚きだ。これを書いている時点での世界最高齢の人を名指しするのは無謀なので、一一七歳ということにする。合計年齢に一一七を足すと七四四になる。それを出演者数の一六で割ると、平均値は四六・五歳になる。

中央値を知るためには新しい年齢を順番に並べたリストの最後に置き、八番目ではなく、八番目と九番目の中間の年齢を出す。この場合は変化がなく、四二歳だ。最頻値にも変化はない。

この場合は強力な外れ値を入れたことで、平均値は四・七歳上昇したが、中央値と最頻値は変わらなかった。ここでも、平均値は外れ値によって動かされた。一六人中一〇人が平均値の年齢より若いことになった。しかし、中央値は影響を受けていない。

このような例から、平均の選択法で、**数字がいかに外れ値に影響されるか**がわかる。方法を説明しているかぎり、どれも間違った方法ではないが、どの方法が選ばれたのかを知る必要がある。誤った方向に導かれる危険が大きいからだ。

平均の選択によってどのように誤った方向に導かれるか

平均値、中央値、最頻値の計算法がわかり、なぜこのなかの一つを選ぶのかを考えてきたので、平均の危険について考えることができるようになった。**平均の測定方法の選択によっては、与えられた数字の集合の印象をまったく変えてしまうことができる。**ここに落とし穴の可能性がある。

この章の最初にあげた例では、スウェーデン人が何本の脚を持っているかを語りたいときには、平均値というのは明らかに選択肢として間違っていた。中央値か、あるいは最頻値でも、それよりはいい選択肢だ。

平均の選択肢によって実際大きな違いが出てくる。国家統計局（ＯＮＳ）は平均値に基づいて経済全体の平均賃金を毎月出している。二〇一七年では、平均週給は五〇〇ポンドだった。だが、ＯＮＳは〈労働時間及び賃金年報〉も出しており、これは中央値を使って計算した平均週給額で、二〇一七年では約四五〇ポンドだった。五〇ポンドの違いはどこから来たのだろう。ほぼ間違いないのは、比較的少ない数のかなり高収入の人たちが経済全体の週給をそれだけゆがめてしまったのだ。それはほぼ一〇パーセントになる。

別々の平均に差がある賃金を見ているときには、これは特に重要だ。アーセン・ベンゲルによってアーセナルのチームの平均年齢がどうなったかを考え、一般的な賃金をもらっている人のいる部屋のなかにビル・ゲイツが入ってきたら、平均賃金がどれだけ変化するか想像してほしい。

二〇一七年にドナルド・トランプによってアメリカに導入された減税法案を覚えているだろうか。無党派の税務政策センターの計算では、二〇一八年には平均一六〇〇ドルが減税され、納税者の税抜後の収入は平均二・二パーセント上昇するというものだった。

これは役に立つ数字だろうか。

アメリカ人の二〇パーセントにあたる最貧層にとってはかなり誇張された金額だ。その層の平均減税額は六〇ドルで、税抜後の収入の〇・四パーセントにあたる。その上の二〇パーセントの層にとっても三八〇ドルの減税で、一・二パーセントにすぎない。実際のところ、二一・

二パーセント以上収入が上昇するのは、最富裕層の二〇パーセントだけで、平均七六四〇ドルの減税になる。調査によって、連邦税の減額で得られる金額の六五パーセントは二〇パーセントの最富裕層に行くことがわかった。

減税全体の平均は正確でも、納税者の大半は、金額でも、収入のパーセンテージでも、それよりずっと低い恩恵しか得られないことになる。この理由を知るためには、納税者の上位一パーセントへの恩恵を見るだけでいい。

彼らへの減税は平均三・四パーセントで、平均五万一一四〇ドルになる。いちばん収入の多いアメリカ人が得る大金が納税者全体の平均をゆがめてしまい、納税者の少なくとも八〇パーセントという大きな割合の人々が、収入に対するパーセンテージで平均より減税額が少ない収入グループにいることになる。

収入の不平等が意味するのは、あらゆる収入グループでの平均を考えるときに常に注意しなければならないことだ。**平均値だけを使っていると、比較的数の少ない高額所得者がこのような数字を大きくゆがめてしまう。**どのように金が分配されているかということが一つの数字でしか説明されていなければ、全体像をつかむことはできないだろう。

異なった種類の平均が最近使われている可能性があるもう一つの分野が、男女の賃金格差だ。まず覚えておいてほしいのは、ある会社で男女の賃金格差があるかどうかと、同一賃金になっているかどうかは、同じことではない。

男女の賃金格差とは、一時間あたりの男性の平均賃金と女性の平均賃金の差だ。会社のなかで男女が別の仕事をしているかどうかは無視している。

同一賃金とは、同じか同等の仕事をしている人が同じ賃金を受けとるということで、法的要件だ。同一賃金を払っていない会社がいくつあるかという数字に信頼がおけないのは、それが違法だからだ。同一賃金の要求が法廷でどうなっているのかはわからない。

というのも、二〇一一年以来、何千件もの同一賃金を要求する訴訟が起こされたが、正式に勝訴となっているのは〇パーセントで、敗訴も〇パーセントだからだ。雇用問題専門弁護士によると、全体として、法的な部分が決着すると、当事者同士で解決する傾向があるからだが、これでは正当な処罰が公的におこなわれたとは言えず、われわれが問題の大きさを理解する手助けにはならない。

男女間の大きな賃金格差はかならずしも賃金が不平等とはかぎらず、雇用慣習に関する問題かもしれない。たとえば、保育園のチェーン展開をしている会社の場合、保育士はほとんどが女性だから、保育園で働いているのは男性よりも女性がかなり多いだろう。つまり、その会社で働いている男性は、子供の面倒を見ているのではなく、管理部門の仕事をしている可能性が相対的に高い。この会社では、同じ仕事をしている人には同一賃金を払っていても、男女間の賃金格差が大きい可能性がある。

一方、男女の賃金格差がまったくない会社でも、同一賃金を払っていない場合がある。従業員が四人の会社を想像してほしい。男性と女性の営業が一人ずつ、男性と女性の管理職が一人ずつだ。男性の営業が女性の営業より少し賃金が少なく、男性の管理職が女性の管理職より少し賃金が多かったら、男女間の賃金格差はないが、その他の条件がすべて同じであれば、同一賃金ではない可能性がある。

イギリスでは、二五〇人以上の従業員がいる会社には政府に男女の賃金格差を報告しなければならず、それは平均値と中央値で測られる。

男女の賃金格差の平均値を出すためには、組織の男性と女性の賃金の平均値を出し、その差を報告する。中央値でも同じだ。両方の数字を出すことに価値がある。組織の賃金格差の平均値が中央値よりもかなり大きい場合は、外れ値がある可能性が高く、たいていは少ない人数の男性が多額の賃金を受けとっている。

だが、男女の賃金格差の統計、特にその数字がフルタイムの従業員だけなのか、あるいはすべての従業員のものなのかを見ているときには、頭に入れておくべきややこしい問題がある。数字は平均時給で報告されるので、週ごとの就業時間が長い人によってゆがめられることはない。問題は、パートタイムの仕事は賃金が低い傾向があり、パートタイムの仕事をしているのは女性のほうがずっと多いということだ。自社の男女の賃金格差を少なく見せたかったら、フルタイムの従業員だけの格差を報告しようと思うかもしれない。

スペクテイター紙の編集長フレイザー・ネルソンが一九七五年以降に生まれた女性には男性との賃金格差がないと言えたのは、このタイプの違いによる。彼はフルタイムの従業員しか見ていなかったからだ。女性従業員だけを見れば、パートタイム従業員がもらっている賃金はフルタイム従業員より約三分の一少ない。女性はパートタイムで働く可能性がずっと高いので、男女の賃金格差というのは、実はパートタイムとフルタイムの賃金格差だということになる。さらに、まだ男女の賃金格差はあるものの、状況は改善されているので、一九七五年以降に生まれた女性だけを見れば、かなり良い数字になる。

自社の男女の賃金格差を小さく見せたければ、社内の清掃やコールセンターや食事サービスといった低賃金の仕事を外注することを考えるかもしれない。そのような仕事をする低賃金の女性社員がいるのなら、別の会社にそういう仕事をしてもらえば、その賃金を賃金格差の数字から取りのぞける。重役に払っている賃金と他のスタッフの賃金の差を減らしたいと思っているのなら、同じことをすればいい。社内の低賃金の仕事をすべて外注にまわせば、管理職に支払われる給与が平均給与の何倍になるかという倍数が減らせる。

このようなタイプの平均を見るときには、**組織が平均値を使っているか、中央値を使っているかを確認し、データには誰が含まれ、誰が除外されているのかをチェックする**ことだ。

さらに、自分に示されているデータがどのように見えるかも考えてほしい。

非常に裕福な人や非常に高齢の人のような極端なケースが多く含まれていると思ったら、自分が見ている平均が本当にデータセットを代表しているものかどうかに疑問を抱くかもしれない。

範囲の測定

マイケル・ブラストランドとアンドリュー・ディルノットの二〇〇七年の名著『統計数字にだまされるな　いまを生き抜くための数学』（化学同人）では、平均がなぜ誤った方向に導く可能性があるのかを非常にわかりやすく説明している。

二本の歩道のあいだの車道を行ったり来たりして歩いている酔っぱらいは、平均すると白線に沿ってまっすぐ歩いている。したがって、両方向に走っている車は、平均では、彼をよけることができる。「平均すれば、たしかに生きている。だが実際は、バスに轢かれてしまう」

住むのに快適な気候の場所を探しているのなら、平均気温は見るべきではない。日中はとても暑く、夜になるととても寒くなる砂漠や、夏にはとんでもなく暑くて、冬じゅう雪に覆われるような場所が出てくるかもしれないから。

平均の問題は、一つの数字では何もかもスムーズでシンプルに見えるかもしれないが、実際はそうではないケースがあることだ。歩道のあいだを千鳥足で歩いている酔っぱらいもまっすぐに歩いている人も、平均すれば同じになってしまう。

そのために、平均の数字だけでなく、広がりや範囲や偏差の数字が出されることがある。それがどのように働くのかを説明しよう。

データの広がりを測る方法は数多くある。気温の例では、いちばん簡単な範囲の測定は、最高気温と最低気温を取りだせばいい。そうすれば極端な場所を避けられるが、たとえば、毎日ほとんど気温は変わらないが、年に一日ずつ、とても暑い日ととても寒い日がある場所が見つかってしまった場合には、あまり役に立たない。

広がりを測る方法としては、それよりも良く、もっと目にすることが多いのが、**標準偏差**だ。

標準偏差とは、その数字が平均値からどれだけ離れているかを示すもので、標準偏差が低いほど広がりは少なくなる。同じ学年のグループから集められた学校のサッカーチームの年齢であれば、標準偏差はゼロに近くなる。

では、バーンリー戦で戦ったアーセナル・チームの年齢の標準偏差を出してみよう。

標準偏差を出すためにはまず、データセットのなかの各数字が平均値からどれだけ離れているかを知る必要がある。平均値は二五・五歳だったので、それぞれの年齢が二五・五歳からどれだけ離れているかを計算する。

選手	年齢	平均値からの偏差
ペトル・チェフ	三五歳	九・五
エクトル・ベジェリン	二三歳	−二・五
カラム・チャンバース	二三歳	−二・五
コンスタンティノス・マヴロパノス	二〇歳	−五・五
セアド・コラシナツ	二四歳	−一・五
アレックス・イウォビ	二二歳	−三・五
グラニト・ジャカ	二五歳	−〇・五
ジャック・ウィルシャー	二六歳	〇・五
ヘンリク・ムヒタリアン	二九歳	三・五

アレクサンドル・ラカゼット　　二六歳　　〇・五
ピエール＝エメリク・オーバメヤン　　二八歳　　二・五

この偏差の平均を出すことには意味はない。ゼロになるからだ（実際にはゼロより少し多くなるが、それは平均値の端数を切り捨てて二五・五にしているからで、それでもほぼゼロだ）。その代わりに、すべての偏差を二乗すると、平均はゼロにはならない。あとで平方根を出すので、すべてうまくいく。二乗することで、すべての数字が正数になり、これによって数字が平均値からどれだけ離れているのかを知るのには都合がよくなる。プラスかマイナスかは関係ないからだ。

偏差：九・五　－二・五　－二・五　－五・五　－一・五　－三・五　－〇・五　〇・五　三・五　〇・五　二・五

二乗：九〇・二五　六・二五　六・二五　三〇・二五　二・二五　一二・二五　〇・二五　〇・二五　一二・二五　〇・二五　六・二五

今度は二乗したものすべての平均値を計算する。合計は一六七で、これを一一で割ると一五・二になる。最後にこの数字の平方根を出す（最初に全部二乗したからだ）と、三・九になる。つまり、チームの平均年齢は二五・五歳で、標準偏差は三・九になる。

ここで、六八歳のアーセン・ベンゲルがマヴロパノスの代わりに入ったときの標準偏差はどうなるか見てみよう。自分で計算したければ、紙を出してやってみよう。答えはこの章の最後に載せている。

その計算をしているあいだに、ここまで学んだことをまとめておこう。

平均とはデータの集まりを一目でわかるように要約したもので、便利ではあるが、ときには危険にもなる。

平均値と中央値と最頻値はそれぞれ適した状況があり、他の状況では誤解を招く場合があるので、どの方法が使われていて、その理由は何かを知ることがきわめて重要だ。数字がどのように広がっているかを測定することもとても役に立つ。

数字をもう少し深く掘り下げる必要があるときの近道として、必要条件を確認する方法がある。男女間の賃金格差の例では、一九七五年以降に生まれたフルタイム従業員だけの平均が出されていた。

データセットを要約するのに数字が一つだけしかなければ、便利ではあるが、誤った方向に導かれる可能性もある。それを見つけるためのツールも身につけた。

ではベンゲル監督のちょっと変わった選手交代に戻ろう。監督がチームに入れば、平均年齢は三〇歳に少し足りないところまで上がり、標準偏差は一二・五になる。これは大きな標準偏差なので、数字がどれだけ広がっているかがわかる。

このポイントをさらにわかりやすくするために、スターティング・メンバーに戻って、年齢的には外れ値であるゴールキーパーを控えのキーパーのダビド・オスピナと交代させよう。オスピナは二九歳なので、平均年齢は二五歳に下がり、標準偏差はわずか二・八になる。

第六章

大きな数字

STATISTICAL

ビリオン（一〇億）とトリリオン（一兆）とクァドリリオン（一〇〇〇兆）を理解する

バジェット・デイ［訳注：予算方針演説のある日］の朝食の席で一二歳の息子のアイザックとおしゃべりをしていた。子供たちもその日はバジェット・デイだとわかっている。私が〝やった、きょうはバジェット・デイ［訳注：給料日（ペイ・デイ）やホリデイとかけている］だ〟と書かれた特注の帽子をかぶっているからだ。妻はその日に私といっしょにいるところを見られないようにしていた。それ以外の財政行事にはどんな帽子を発注すべきかという議論もかなり闘わせてきた。〝公共部門の報酬上限（ペイキャップ）〟という帽子をつくるべきだと提案してくれた同僚に称賛を贈る。必要になったらそれを掲げよう。

私はアイザックに、バジェット・デイというのは政府がすべてのお金をどのように使うのかがわかる日なんだと説明した。「予算っていくら？」とアイザックが尋ねた。

「約八億五〇〇〇万ポンド（八五〇ミリオン）だ」とあくびまじりに答えた。

「あまり多くないように聞こえるけど」

もちろん、それを聞いて私は目を覚まし、息子が正しいことがわかった。政府が実際に使っているのは年に約八五〇〇億ポンド（八五〇ビリオン）だ。それ以来、アイザックはことあるごとにその話を持ちだす。

この章では、大きな数字によってもたらされる困ったことを取りあげる。本当に大きな数字だ。あまりにも数字が大きいと、誰かがゼロ・キーの上に鼻を載せて寝てるんじゃないかという気になる。

大きな数字が扱いにくいのは、われわれの脳がそれにうまく同調できないからだ。小さい数字なら経験があるのでなんとかなる。人が一〇人集まっているのはどんな感じかわかるし、おそらく一〇〇人集まっているところも思い描けるだろう。サッカー観戦に行ったことがあれば、三万人とか、一〇万人という群衆でもなんとかなるかもしれない。家を買おうとしたことがあれば、何十万ポンドという数字を見たこともあるかもしれない。

だが、人生で一〇億（ビリオン）や一兆（トリリオン）というような数字を扱うことはほとんどない。八億五〇〇〇万ポンドが大きな金額ではないというまさにその考えと、われわれの多くは格闘している。ちゃんと目が覚めている状態だったとしても。その格闘はますます増えてきている。

私が一九九五年にビジネス・ニュースの仕事をはじめたときには、イギリス経済の総生産量は年に七五〇〇億ポンドを下回るくらいで、私が扱わなければならない最大の数字だった。ニュースにはミリオンや、ときにはビリオンが出てきた。

いまでは生産量は二兆ポンドに近づいていて、ニュースのなかの数字は大きく聞こえるが、実はそうではないものがますます増えている。

政府は何かに何百万もの金額を使うと発表できるが、状況によっては、それはごくわずかな金額にもなる。

昔からあるこの例が、『統計数字にだまされるな』でも引用されているが、トニー・ブレア政権の初期に五年以上にわたって三億ポンドを一〇〇万カ所の保育施設に給付するという公約だ。つまり、一カ所につき三〇〇ポンド、あるいは年六〇ポンドになり、政策としては充分な金額とは言えない。

この分野でだまされないためには、三つの主要なテクニックがある。

- ミリオンなのかビリオンなのかクァドリリオンなのかを再確認する
- 大きな数字の背景を理解する
- 大きな数字が理解しやすくなる主要な数字をいくつか覚える

STATISTICAL

第六章：大きな数字

ミリオンなのかビリオンなのか クァドリリオンなのかを再確認する

バジェット・デイの朝食での間違いに戻るが、私が犯したのは大きい数字でいちばんよくあるミスだ。ビリオンのつもりでミリオンと言ってしまった。ニュースには多くのトリリオン、ときにはクァドリリオンまで出てくるので、この問題はもっと多くなってくるだろう。ミリオンにはゼロが六つあり、ビリオンには九つあり、トリリオンには一二個、クァドリリオンには一五個ある。

イギリスのビリオンとアメリカのビリオンには違いがあったんじゃないかと思っている人がいるかもしれないが、それはかつては正しかった。イギリスのビリオンは、以前は一兆で、ゼロが一二個ついていた。それに対してアメリカのビリオンは九個だった。それによる混乱を想像できるだろうか。

一九七四年、ディヴァートンの下院議員ロビン・マックスウェル＝ハイスロップがハロルド・ウィルソン首相への文書による質問で、大臣はアメリカ式ではなくイギリス式のビリオンだけを使うべきだと要求した。首相はそれに対する返答で、一〇億がビリオンであることは現在国際的に受容されているので、大臣はそれを使うと表明した。この時点から、イギリス式のビリオンはなくなり、英語圏はどこでも、ビリオンにはゼロが九個つくことになった。

大きな数字に関する私の失敗をもう一つ告白しておくと、かつてラジオ4の〈PM〉で、残念ながらいまはBBCを辞めてしまったエディー・メアにインタビューを受けたときのことだ。

私がトリリオンについて話しているときに、いくつゼロがあるのか訊かれた。たいていの場合、生放送で私はそんなに緊張することはないが、そのときは、クイズ番組で出演者がスタジオの照明を浴びて簡単な質問にばかみたいな答えをして、みんなでテレビに向かってものを投げることになる理由がわかった。そのときに九個だと答えてしまったことを、一生恥ずかしく思うだろう。別の質問をされ、答えはじめたのだが、頭が別のところに行っていて、話の途中でこう言ったのだった。「いや、待ってください。トリリオンにはゼロは一二個です」

言いたいのは、誰でもこういうミスをするということなので、何かが本当かどうか迷ったときにはここからはじめるのがいい。

ミスの話と言えば、私が最初にクァドリリオンに出会ったのは、二〇一二年一〇月のBBCニュースのウェブサイトで、フランスの女性が約一二クァドリリオン（一京二〇〇〇兆）ユーロの電話代を請求されたという話を読んだときだ。正確な数字は、一一、七二一、〇〇〇、〇〇〇、〇〇〇、〇〇〇ユーロだった。彼女は電話会社に電話をして、間違いではないかと言った。相手は間違いはないと言い、分割払いでもいいと言ってきた。記事によると、フランス経済の全生産高に匹敵する金額で分割払いにしたとしても、払い終えるには六〇〇〇年かかると説明されていた。これは大きな数字だ。電話会社はその後間違いを認め、請求額は一一七・二一ユーロだったと言い、それを全額免除したので、ハッピーエンドということになった。

その話で私が唯一問題だと思ったのは、見出しにクァドリリオン（quadrillion）の省略形として〝qn〟が使われていたことだ。

ビリオン（billion）に〝bn〟、トリリオン（trillion）に〝tn〟が使われることは知っているが、クァドリリオンに〝qn〟を使うようになれば、クインティリオン（quintillion：一〇〇京）という報道をするようになったときにどうすればいいのだ。クインティリオンにはゼロが一八個つく。しかも、実のところ、ニュースにクインティリオンはもう出ているのだ。

二〇一四年、サイのヒット曲〈江南スタイル〉がユーチューブのカウンターで表示できる最大数（二〇億のわずか上）を脅かそうになっていたとき、ユーチューブはシステムをアップロードして、九・二二クインティリオンまでカウントできるようにした。それがＢＢＣで報道された最大の数字だと私は思っていたのだが、ある読者が二〇一一年の記事があると訂正してくれた。その記事では、インターネットのアドレスを配分する新しいシステムで、可能なアドレスが三四〇アンデシリオンつくられたと報じていた。ちなみに、アンデシリオンにはゼロが三六個つく。

　こういう数字はでっちあげのように聞こえるかもしれないが、本物だ。ズィリオン（天文学的数字）やバジリオン（ものすごく多い）とは違う。だが私は、でっちあげの大きな数字にふさわしい場所があるとよく考える。

　そういうものを支持しているのはアメリカの学者スティーヴン・クリソマリスで、このような数字を**無限拡張数字**と呼んでいる。たとえば、使い捨てのプラスチック・ストローの話をしたければ、毎年ものすごい数のストローが使われていることは知っているが、現実的な数はわからない。だから、疑問を持たれるような信頼できない見積りを使って問題から人々の意識をそらせたくない人たちは、莫大（スクィリオン）な数が使われていると言うこともできる。大きな数だが、どれだけなのかはわからない。

　これは会話ではうまくいく。「何度も（アンプティーン）言ったじゃないか」というのも良い例だが、もっとあらたまった状況ではまだ使えるかどうかわからない。「国民保健サービスのトップが本日、今度一〇年間にさらに莫大な(ジリオン)ポンドの資金が必要になると発表」では、ニュースの見出しとしては奇妙に聞こえるだろう。多少の慣れが必要になるはずだ。

しかし、このような数字にもはっきりしたランキングがあるというのは興味深い。アンプティーンは比較的少ないあいまいな数に使われ、ズィリオンやジリオンは間違いなくミリオンよりは上だが、ガズィリオン（何億兆）やバジリオンほど多くはない。ガ（ga-）やバ（ba-）という接頭辞は数の大きさを強調するものだ。

大きな数字の背景を理解する

でっちあげの数字ではない、本物の莫大な数字を扱うためには、背景が必要だ。フランスの電話代の話で、信じられないくらい大きな数字を理解させるために経済生産額を使っていたように。

このような数字のサイズに頭がくらくらしているかもしれないが、それはあなただけではない。

それを助けてくれる私のお気に入りの動画が、ユーチューブで見られる〈Obama Budget Cuts Visualization〉だ。この動画では、オバマ大統領が連邦予算から一億ドルを削減すると発表したことを説明している。私の息子が言ったことから、一億（一〇〇ミリオン）ドルが国家予算としては多い金額には聞こえないことはわかっている。だが、それは朝食の席だったせいかもしれないので、これだけの大きさの数字には少し助けがいるだろう。

動画では、三・五兆ドルの予算のなかの一億ドルというのは、より大きな金額のなかの大きな金額に聞こえると指摘している。これが問題の本質だ。

数字がこれだけ大きいと、二つの違いを視覚化できない。そのため、動画作成者は銀行に行って、八八八〇枚の一セント硬貨を手に入れ、五枚ずつ重ねてテーブルの上に並べた。五枚の硬貨が二〇億ドルを表している。つまり、硬貨一枚が四億ドルだ。そこから一枚の硬貨を取りあげて、ペンチで二つに割る。それからその半分をまた半分に切って、四分の一にする。硬貨の四分の三をテーブルに戻し、オバマのプランは八八八〇枚の一セント硬貨で表された連邦予算から硬貨の四分の一を削減する方法を見つけることだと説明する。

興味深いのは、ほかの試みでは失敗していたのに、この視覚化による説明だと、とてもわかりやすいことだ。金融危機は大きな数字を扱うにはひどい時期だった。語られる数字がとんでもなかったからだ。

救済措置を説明するために、一〇ポンド札をそれだけ集めた重さを使ったり、それだけの一ポンド硬貨を重ねたら月まで届くというような説明がされることもあった。

そんな説明では、理解できない大きな数字を、理解できない大きな重さや距離に置きかえているだけだ。

二〇一六年のEU離脱国民投票のキャンペーンでは、興味深く、議論を呼ぶような統計が数多く生まれたが、なかでもいちばん悪名高く、いまでもキャンペーンのイメージとして残っているものがある。もちろん、三億五〇〇〇万ポンドのバスのことだ。

離脱派がバスの側面に「われわれは週に三億五〇〇〇万ポンドをEUに送っている。その分をNHSの資金にしよう」というキャンペーン文句を書いたのだ。

問題は、EU予算への寄与としてそんな金額は送っていなかったということだ。なぜなら、どんな金額であれ、送金前にはリベートが引かれるからだ。

リベートはEU予算へのイギリスの貢献度によって割り引かれる金額だ。それはもともと一九八四年にマーガレット・サッチャーが交渉したものだ。

BBCの〈リアリティ・チェック〉は、インタビューでその数字が使われたときに、その問題を指摘していた。バスに書かれるずっとまえのことだった。

その後、イギリスの独立統計機関であるイギリス統計理事会（UKSA）が、それには誤解を招く可能性があると裁定し、それ以上の議論は審判への抗議と同じで、意味がなくなった。ＵＫＳＡが特に懸念を抱いたのは、三億五〇〇〇万ポンドがすべてＮＨＳに使われるという考えだった。なぜならその一部はリベートなので、それはまったく使われることなく、イギリスの農業従事者や科学的研究や地域への援助に対する支援などにＥＵが使う分もあるからで、自分たちの資金がＮＨＳに流用されるとわかったら、その人たちは腹を立てるだろう。

その数字をいちばん熱心に語っていた人たちも、いまは三億五〇〇〇万ポンドのことは、イギリスが管理できない金額としていて、イギリスがブリュッセルに送っている金額だとは言わなくなった。三億五〇〇〇万ポンド自体は誤解を生むような統計ではない。リベートが引かれるまえにイギリスがＥＵ予算に寄与した正しい金額だ。だが、バスに書かれていたようなものではない。

この三億五〇〇〇万ポンドには別々の二つの問題がある。

一つ目はイギリスが毎週ＥＵに送金している正確な金額は二億七六〇〇万ポンドだということだ。二億七六〇〇万ポンドと三億五〇〇〇万ポンドでは明らかな違いがある。約二五パーセントの違いだが、それを耳にする人にとってはどちらも大きな数字のかたまりにすぎない。そして、バスには三億五〇〇〇万ポンドではなく二億七六〇〇ポンドと書くべきだと誰かが言うたびに、イギリスがＥＵの予算に多額の金を寄与しているという事実はやはり強調される。

二つ目の大きな数字の問題は、三億五〇〇〇万ポンド、あるいは二億七六〇〇万ポンドの背景を考えると、実はまったく大きな金額ではないということだ。財政問題研究会も国際通貨基金も、ＥＵ予算に対するイギリスの寄与は経済全体への影響から考えると、まったく小さいものだと指摘している。

イギリス経済の生産量は年約二兆ポンドだ。ブレグジットによって、これまでよりも経済が年に一パーセント成長する、あるいは一パーセント下降するとしたら、それが政府の財政に与える変化は、ＥＵ予算への寄与よりも大きくなる。

ほかの数字に背景を与え、大きな数字を扱いやすく、理解しやすくするために、数字がどのように使われるかを見てきた。だが、すべての数字がそのように働くわけではない。

アメリカの連邦予算をアメリカの猫の数で割れば、猫一匹あたりに使える、それより小さな数字を出すことができるが、そんなことをしてもあまり役には立たない。

大事なのは、どの数字に背景を与えるかで、それは自分が扱っている数字の種類によって大きく変わってくる。教育資金について話しているのなら、生徒か学校の数で割るべきかもしれない。この本の最初にあげた例では、一年間に使用されるプラスチック・ストローの数を人口で割れば、すぐにその数字が真実であれば理にかなっているかどうかを確認できた。

数字を具体化して、それを自分が理解できるものに関連づけられれば、扱うのが楽になるだろう。

大きな金額の場合は、それを政府の支出額の分野と比較してみるのも良い選択肢だ。

国家予算レベルの金額について話しはじめたら、そこにはつねに大きな数字の問題がつきまとう。そして、そのような難しさを生んでいるのは政府全体の支出だけではない。国民保健サービス（ＮＨＳ）はとても規模が大きいので、数字で人を惑わせずにその話をすることは難しい。イングランドＮＨＳの予算は年約一一五〇億ポンドで、それはもう想像の域を超えた金額だ。

二〇一五年の総選挙で私は、大きな数字の問題を避ける方法は物理学者のようにやるべきだと提案した。光年とは光が一年に進む距離のことで、約五兆九〇〇〇億マイル、あるいは九兆五〇〇〇億キロメートルになる。つまり、頭がくらくらするような距離も光年を使えば小さな数字で表せるということだ。

ＮＨＳの年間予算を一一五〇億ポンドとするなら、ほかの大きな数字は、ＮＨＳに資金提供するとしたら何年分になるかで表せる。ＮＨＳの一カ月分の予算は一〇〇億ポンドに少し足りないくらいで、週の予算は二〇億ポンドを少し超えるくらいになる。バスに書かれた三憶五〇〇〇万ポンドは、ＮＨＳの一日あたりの予算より少し多い額だ。ＮＨＳの年間予算を大きな数字の基準にすることには小さな問題があり、光年はつねに同じ距離であるのに対して、予算が毎年変わることだ。一方、それはインフレの尺度になる。大きな金額を考えるときには役に立つかもしれない。言いかえれば、経済全体で価格が上昇すれば、それだけＮＨＳの年間予算も上昇するというわけだ。

ＮＨＳは一五〇〇万人という大人数の雇用主でもある。アメリカ防衛省、中国軍、ウォルマート、マクドナルドに次ぐ、世界第五の雇用者数だ。

それだけ規模が大きいと、ＮＨＳに関するニュースには査定が難しいものも入ってくる。人員削減反対キャンペーンのグループが発表したショッキングなニュースでは、ＮＨＳが五万三〇〇〇人の人員削減を計画していると報じられた。もう少し先まで読めば、そのグループが情報公開を要求して、その数字をはじき出したのだとわかるのだが、それはその後五年間にわたる計画だった。

ＮＨＳが五万三〇〇〇人のスタッフを減らしたことでどれだけ苦しくなるのかについての話をしているわけではなく、もちろん、人員削減された人々の家計がどれだけのダメージを受けるかについて話しているわけでもない。

その分析に対する私の問題は、全体で一五〇〇万人のなかの年一万六〇〇〇人以内に訂正したことが、正確だとは信じられなかったことだ。つまり、五万三〇〇〇人というのは多く聞こえるが、それはＮＨＳに関するすべての見出しが多く聞こえるからだ。空席になっているポストにしても、追加資金にしても、ＮＨＳが非常に大きな組織であるという背景を踏まえて、そのような報道を考えるべきだ。

もう一つの役に立つ例が、二〇〇九年九月二日のデイリーメール紙の見出しにあった。「一カ月に五七二時間を無駄にしているとして市役所がスタッフのフェイスブック使用を禁止（太字はメール紙によるもの）」というものだ。

これはポーツマス市議会についての記事で、四五〇〇人のスタッフがフェイスブックにアクセスすることをブロックしていた。

これが大きい数字であるかどうかを確認するためには何で割ればいいだろう。

まず、五七二時間を分にすれば計算がしやすくなる。三万四三二〇分だ。それを四五〇〇人のスタッフで割ると、七・六分になる。そして、スタッフ一人が一カ月に七・六分をフェイスブックに費やしているとして、それを月の平日の二一日で割れば、一人につき一日二二秒になり、これはまったく大きな数字とは言えない。

あとでわかったことだが、スタッフのなかには生活保護申請者の生活をチェックするためにソーシャルメディアを使っている者もいた。したがって、見出しはこうであるべきだった。「市役所はスタッフのわずかなソーシャルメディア利用に過剰反応」これも良い記事になる。元の記事よりも良いくらいだ。

この記事は別の点でも良い例になっている。見出しに書かれた数字には非常に大きな力があるということだ。その記事を読んでいた人ならほぼ全員が、ポーツマス市役所のスタッフは、納税者が収めた金を使って、フェイスブックへの投稿に長時間を費やしていると思っただろう。それは事実ではなかったが、デイリーメール紙がそう思わせたかったのは間違いない。

大きな数字を扱う場合には背景が重要ではあるものの、大きな数字に背景を与える方法に怒りを覚える人もいる。

私が最初にBBCの統計部門のトップになったとき、国家統計局（ONS）で講演をした。最後に私はニュースに出てくる数字で、いちばん気になることについて尋ねた。出席者の一人が、BBCが広さの話をするときにウェールズの面積の何倍という言いかたをするのをやめてもらえないかと訊いてきた（ONSの本部はウェールズのニューポートにある）。

私は無理だと答えた。大きな数字に立ち向かうために、ニュースはウェールズの面積や、オリンピック・サイズのスイミング・プールの容積や、ウェンブリー・スタジアムの収容人数や、ジャンボ・ジェットの長さや、二階建てバスの高さに頼っているからだ。

これには明らかに問題がある。

取り壊し予定の煙突に関する報道で、二階建てバスを地面に五五台重ねた高さだとたとえられていて、抗議したことがあった。そんなに多くのバスを重ねたら、下にあるバスはつぶれてしまう。ビッグベンの高さの二倍以上と表現したほうがずっとわかりやすい（あるいはビッグベンの入っている塔でもいいが、それだと語呂が悪い）。

ウェールズの面積がわかっている人はあまりいないと思うが、何かがウェールズの面積だと言うことで、たんに八〇〇〇平方マイルだとか、二万一〇〇〇平方キロメートルだと言うよりも意味を持たせることができるのだろう。

何か大きなものの尺度として象の大きさを使おうとする人も見たことがある。

埋立地に送られた再利用可能のごみの重量が、象九万頭分になるという報告を受けとったことがある。

大きな数字を別の大きな数字に置きかえただけで、理解するにはたいして役に立っていないし、象のサイズには大きな幅があることは言うまでもない。ウェンブリー・スタジアムの重さを使ったほうがましだったかもしれない。あるいは鯨（ウェールズ）の重さとか、ウェールズの重さでもよかったかも。

金額の比較で役に立たないと思うのは、年収を首相の年収と比べるやりかただ。地方議会やNHSの幹部の年収が首相よりも多いという話はしょっちゅう聞かされる。首相の年収は政治的理由から低く抑えられていて、約一五万ポンドだが、そこにはダウニング街一〇番地の首相官邸とチェッカーズにある別荘の家賃は含まれていない。ロンドン中心部の魅力的な住居と田舎の豪邸があれば、かなりの価値になるはずだ。

同様に、資産家や大企業が特定の国よりも金を持っているという話もよく聞く。

この比較が間違っているのは、国の価値というのはほぼ間違いなく国内総生産（GDP）を尺度にしていて、これはその国の経済が一年で生産した金額だ。この金額を個人の資産や企業の時価総額（株価の総額）と比較している。

似ているものを比較していないことははっきりわかる。個人や企業の年収を特定の国のGDPと比較しているのならまだましだが、それでも非常にわかりにくい。

莫大な電話の請求額をフランスの経済生産高で割ったり、ソーシャルメディアに費やしている時間を市役所のスタッフ数で割れば、大きな数を理解しやすくなることを見てきたし、ユーチューブではアメリカの連邦予算を八八八〇に分割して、一億ドルがさほど大きな金額ではないことを説明していた。

難しい数学ではない。**割り算を使って背景を与えるだけで、特定の数字に腹を立てるべきかどうかが理解しやすくなる。**

大きな数字が理解しやすくなる主要な数字をいくつか覚える

大きな数字を理解するのに役立つ主要な数字をいくつか手もとに置いておくと便利だ。基準は〝真実だとしたら理にかなっている〟というレベルにセットしてあるので、端数を切り上げても切り下げてもかまわない。

私もご多分に漏れず、大きい数字を記憶するのも見積もるのも苦手だ。国家統計局（ONS）がクイズをつくり、自分が住んでいる地域の人口と、そのなかの何人が仕事を持っているかとか、大学の学位を持っているかというようなことを答えなければならなかった。私の結果はひどいものだった。ほとんどの人がそうだったのではないかと思う。

世論調査会社のイプソス・モリは世界四〇カ国で〈認識の危険性〉という名の調査を毎年実施している。それによると、われわれは人口に占める少数民族や住宅所有者の割合や、国が医療にどれだけの金額を使っているかというようなことをほとんどわかっていない。

STATISTICAL

第六章：大きな数字

次にあげるのはイギリスの一〇個の統計で、覚えやすくするために四捨五入している（覚えられない場合はこのページにしおりを挟んでおくこともできる）。数字はすべてONSによるものだ。

・イギリスの人口は六五〇〇万人。イングランドに五五〇〇万人。スコットランドに五〇〇万人、ウェールズに三〇〇万人、北アイルランドに二〇〇万人が住み、ロンドンに住んでいるのは九〇〇万人近く。
・そのうち半分が雇用されている。一六〜六四歳のうち四分の三が雇用されている。
・イギリスでは年に七五万人が生まれ、六〇万人が死亡している。
・GDPによるイギリスの経済生産高は年に約二兆ポンド。
・二〇一一年の国勢調査によれば、イングランドとウェールズの人口の八六パーセントが白人で、次に多いのがアジア人／アジア系イギリス人で七・五パーセント、黒人／アフリカ人／カリブ人／アフリカ系イギリス人が三・三パーセント。
・イングランドとウェールズの人口の五九パーセントがキリスト教徒、二五パーセントが無宗教、五パーセントがイスラム教徒。質問は選択制で、七パーセントが無回答。
・イギリスの人口のうち九〇〇万人余りがイギリス国内で生まれておらず、約六〇〇万人がイギリス国籍ではない。

- イギリスの世帯の六五パーセントが持ち家に住み、一七パーセントが民間の賃貸住宅、一八パーセントが公共の賃貸住宅に住んでいる。
- イギリスのフルタイム従業員の平均週給（平均値）は五五〇ポンドで、年収では二万八六〇〇ポンドになる。
- イギリスの国債は約一兆七〇〇〇億ポンド。

大きな数字に疑問を呈するには、自信を持つことに尽きる。よく考えて選んだ数字を手もとにいくつか持っていれば、耳にした数字に背景を与えることができる。それに、友だちや家族はここにあげた一〇の指標をすぐには思いつかないはずだから、議論で優位に立つ大きなチャンスが得られる。

誰でもミリオンとビリオンを間違えることはあるので、いつでも再確認することを肝に銘じてほしい。**大きく見える数字が見出しに書かれていたら、立ちどまってそれが本当かどうか考える**ことだ。特に政府の支出や借金であれば、つねに莫大な金額になるので、注意が必要になる。

さあ、これで大きな数字が現れてもだいじょうぶになった。

第七章

相関関係と因果関係

STATISTICAL

本当にこれが原因か？

ラジオで不満を覚えるインタビューを聞いた。ニュースのなかで「頭部の損傷で入院した人は、その後一三年間で、同種の怪我をしていない人の二倍の確率で死亡する」と紹介されていた。

それから、その調査を指揮したグラスゴー大学の男性へのインタビューがあった。彼によれば、頭部外傷を負った人の死因は他の人たちと同じで、彼らの死亡率が高い理由は「はっきりとはわからない」とのことだった。性別や年齢や社会生活の欠如でも調整を試みたが、それでも説明がつかなかった。

教授はさらに調査をして、その他のライフスタイルの要素（言いかえれば、頭部外傷で入院した人がその後の一三年以内に死因となるようなことをする可能性が高いのか？）が含まれているのか、それ以外の「生物学的な原因が存在する」のかを確かめると言っていた。

そこで取りあげられていなかった可能性は、すべてが単なる偶然だということだ。

この章で取りあげるのは相関関係、つまり二つの物事のうち一方が上昇あるいは下降すると、もう一方でも同じことが起こるということだ。

二つがたがいに関係しているわけではない。ニュースでしょっちゅう聞く、特定のものを食べると癌になりやすいとか、なりにくいとかいうようなことだ。あることが別のことの原因になっていると証明するのはとても難しく、**二つが同時に上昇したからといって因果関係にあるとするのはどう考えても危険だ。**

調査するものを探しているのなら、相関関係はとても便利だが、一つのことが別のことの原因になっていると示唆するさらなる証拠がないまま使えば、ニュースで問題を引き起こす可能性がある。

この章では、物事に相関関係があると考えるときに抱くべき三つの疑問を取りあげる。

・これは偶然か？
・ほかに何が起こっているか？
・数字が妙に細かくなっていないか？

これは偶然か？

現代の表計算ソフトはとてもパワフルで、片方の軸にはほとんど何でも置くことができ、もう片方の軸にもほとんど何でも置けるので、何かと何かに相関関係があれば見つけられる。いいだろうか。相関関係とは、片方が上昇か下降すれば、もう片方も同時に上昇か下降することだ。片方がもう片方の原因になっているわけではない。

このことが見事に示されているのが、〈Spurious Correlations（誤った相関関係）〉というウェブサイトで、アメリカ人一人あたりのチーズ消費量とシーツに絡まって死亡した人の数との相関関係などを示す表が載せられている。プールに落ちて溺死した人の一年ごとの数とニコラス・ケイジが出演した映画の数には明らかに相関関係がある。

『統計数字にだまされるな』のなかで、マイケル・ブラストランドとアンドリュー・ディルノットは、空中に米の入ったボウルを投げた人の例をあげている。米が地面に落ちると、小さな山になっている場所もできれば、米がまったく落ちていない場所もできる。そして私たちはみな、これが米の落ちかただと理解するだけだ。

だが、頭部損傷を負った人が数年後に死亡するとか、特定の地域に住む人が特定の癌になる確率が異常に高いとかのように、つながっているかもしれない物事についての話になると、私たちの脳はパターンを探そうとし、それがすべて偶然だという説明には絶望的なほど不満を抱く。

ブラストランドとディルノットは、これを**サバイバルの本能**だと説明している。木々のなかに見える模様が光と揺れる葉による幻影にすぎないのか、本物の虎（これが原題の“The Tiger That Isn't”〔存在しない虎〕の所以だ）なのかを見極めるときには、後悔するよりは安全を選んだほうがいいからだ。

数字の組み合わせを見たときには、そこにパターンや、ほかのものの原因になっているものを見つけたい気持ちと闘うのは難しい。だが、誤った方向に導かれるのを避ける必要がある。これはすべて隠喩的で、偶然なのだ。本物の虎がいる可能性があれば、私のアドバイスは、安全なほうを選んで、そっちに逃げろというものだ。

ラジオのアナウンサーが頭部損傷の件を「非常に警戒すべき発見」と言ったのは、正しい意見だったが、そうであるべきではなかった。

それはたしかに興味深い発見であり、何かがあるかどうかを調べるための資金を申請する良い前提にはなるが、それが偶然ではないと信じられる理由が見つかるまでは、警戒すべきとはかぎらない情報をリスナーに聞かせるべきではない。

結局のところ、頭部損傷がその後の何年かで別の原因で死ぬ可能性を高めることを信じないからといって、人が頭部損傷を負うように頑張るわけではないのだから。

相関関係がある二つの物事がおたがいの原因になっていることを示す方法には、無作為対照試験（ＲＣＴ）を使う。昔からあるＲＳＴでは、大勢の人を無作為に二つのグループに分け、片方には試験をおこなう治療を与え、片方にはプラシーボ（効果のある成分は入っていない錠剤のようなもの）を与え、どちらのグループも誰が新しい治療を受けているかを知らない。無作為に分けられているので、グループのメンバーの結果に違いが出た場合は、試験をしている治療法によるものだという可能性がかなり高くなる。

　では、頭部損傷で入院した人がその後一三年間で亡くなる確率が二倍になるということを示すためのＲＣＴの方法を考えてみよう。

　集めた人たちのグループを無作為に半分に分ける。それから片方のグループの人たちの頭をひどく殴りつけ、入院しなければならないような状態にする。それから一三年待って、それぞれのグループの人が何人亡くなったかを確認する。こんな調査は倫理委員会が認めてくれるとは思えないので、みな別の統計方法を使う。

　したがって、あるものが別のものの原因になっていることを示す確証を得るためには、ＲＣＴを使うことも、そうなるメカニズムを見つけることも非常に難しい。

　このルールの証明で大きな例外となるのが、喫煙だ。

　喫煙が癌の原因になることは広く受けいれられている。ＲＣＴは実施されていないが、証拠となるものの重みが非常に大きいため、メカニズムが完全に理解されていなくても、受容されているのだ。それに、喫煙に関するRCTとなると、グループから無作為に選んだ半分には喫煙をさせ、半分にはやめさせなければならないし、それから癌になるかどうかを観察しなければならないので、これも実施するのは大変だ。喫煙と癌の因果関係が受けいれられているのは、珍しい例だ。

RCTのもう一つの大きな利点は、自分が見つけたいものをあらかじめ決めておいて、結果が偶然とは言えないようにできることだ。よく考えられた実験であれば、意味のある結果が出るまで何度も何度も繰りかえす必要もない。シンプルな例をあげれば、コインを一〇回投げて、そのたびに表が出ることはめったにない。その確率は一〇〇〇分の一だ。

マジシャンのダレン・ブラウンがかつて、一台のカメラの長回しで、これをテレビでやってみせたが、あとで説明したところでは、放送された映像は、連続一〇回表を出すことに失敗した九時間の最後の一分だった。それは〈ザ・システム〉（二〇〇八年）という番組で、そのなかでダレンは競馬の勝利馬を五回連続で当てたこともある。彼の方法は次のようなものだった。何千人もの人たちを六つのグループに分け、各グループに特定のレースの六頭の馬のうちの一つの名前を送る。次の回には、前回のレースで勝利馬の名前を送ったグループを六つに分けるというやりかたで、最後に残った一人の女性は、正しい予想を五回連続で受けとったことになった。もちろんその女性は、ダレンがどんなレースの結果も予測できるゆるぎない能力を持っているのだと信じてしまった。

これは、自分の認識によって導かれ、それでひどくだまされてしまうことを示したすばらしい教訓だ。ダレンはこれをホメオパシー療法のようなものを指摘するために使った。具合が良くないときに何かを摂取して、それで少し具合が良くなったら、自分が摂取したもののおかげだと間違いなく納得してしまうだろう。何千人もの人で試した結果、効果がないと証明されても、具合が良くなりはじめたのと同時に何かを摂取したために、あることがほかのことの原因だと考えてしまう。

一九五四年の名著『統計でウソをつく法』（講談社）のなかで、著者のダレル・ハフは風邪の治療にワクチンや抗ヒスタミン剤を使うことについて述べている。風邪は時間がたてばいずれ治るので、どんな治療法でも、一週間ほどで具合は良くなってくる。薦めた治療法がなんであれ、多くの人がそれに納得する。個人的経験というのは大きな力を持っているのだ。

調査実験を組み立てるときにも、まえもって実験の計画を立てるときにも、調べようとしていることに仮説を立てておくのもいいことだ。

二〇一五年にジョン・ボハノンというジャーナリストが実施したでっちあげの調査にだまされた新聞や雑誌があった。だまされたのは、チョコレートを食べると体重が減るという報告だ。一五人のボランティアが集められ、三つのグループに分けられた。一つのグループは炭水化物の少ない食事をし、もう一つのグループも同じ食事だが、毎日ダークチョコレートを四〇グラム食べるように指示された。最後のグループは対照群で、いつもと変わらない食事をするように言われた。結局、対照群はまったく体重が減らなかった。食事制限をした二つのグループは三週間で平均二キログラム体重が減ったが、ダークチョコレートを食べたグループのほうが減りかたが少し速かった。

よく考えられた研究のように聞こえるし、学術誌に発表され、いくつかの新聞にも掲載された。報告書に書かれていなかったのは、その研究で調査されたのが、体重、コレステロール、血中タンパク濃度、睡眠の質など、一八の項目だったことだ。わずか一五人しかいない研究では、一八項目のうち少なくとも一項目では、単なる偶然による誤判定の可能性が高くなる。この場合は、それが体重減少で、そしてそれが報告されたのだ。

この話にはいくつかの問題があり、その調査の指揮をとったとされている〝ジョハネス・ボハノン博士〟や、彼がそのプロジェクトのためにでっちあげたダイエット・ヘルス研究所についてはオンラインで参照できる資料が一切なかったことに気づくべきだった。さらに、その研究に参加した人たちのことはかなり詳しく書かれていたが、何人が参加したのかは書かれていない。それはかなり基本的な情報だ。その一方で、一般人をだますのが簡単だということを示すために、一般人をだまそうとしたジョン・ボハノンの手法にも批判が寄せられた。このような方法で人にわざと誤解を与える人間がめったにいないといいのだが。そしてこれは、サンプルサイズを確認することと、少人数しか参加していないダイエット研究は無視することが大切だという有益な教訓になっている。

相関関係を示唆する話で私が気に入っているものは、NHSイングランドのトップが病院で特大のチョコバーの販売禁止を決めたというニュースだ。病院内の大きな店舗の経営者向けに広報担当者が語った話が新聞に引用されていて、それによると、そのような計画をあらかじめ導入したところ、寿司とサラダの売り上げが五五パーセント上昇し、果物も二五パーセント上昇したということだった。ここで示唆されているのは、さまざまな軽食が手に入るのに、客は〝キングサイズ〟のチョコバーがないことに気づき、代わりに寿司を買うというものだが、そんなことは想像しがたい。実はもうキングサイズのチョコバーというのは製造されておらず、いまでは〝デュオ〟と呼ばれていて、友だちとシェアするふりができるようになっている。ポテトチップスのシェア用大袋のようなものだ。その後の調査で、実は病院の小売業者たちが合同で〝より健康的な選択〟プログラムを導入していたことがわかり、より健康的な軽食を食べるように推奨していたので、特大サイズのチョコバーを禁止したことだけでそれを成しとげたのではないと語っていた。

ウェブコミックの〈xkcd〉で私の大好きな漫画があって、そのなかで一人がこう言う。「以前は、相関関係は因果関係のことだと思ってた。それから統計学の授業を受けたんだ。いまは違うってわかってる」すると友人がこう言う。「授業が役に立ったみたいね」

「そのおかげかどうかはわからないけどね」と最初の人物が答える。

ほかに何が起こっているか？

言っておかなければならないことだが、相関関係と原因を混同してしまうのが問題なのは、二つの物事が偶然だという可能性を見逃すからというだけではない。ほかに何かが起こっているという可能性もある。

ラジオ4のすばらしい番組〈More or Less〉チームが、携帯電話のアンテナ塔が出生率を上昇させているという話をでっちあげた。ある地域のアンテナ塔の数と新生児の数の相関関係を発見したのだ。ある地域でアンテナ塔が一基増えるごとに、年間の新生児数が国の平均より一七・六パーセント増加することがわかった。田園地方に突きだしているアンテナ塔に何かロマンチックなものがあるのだろうか、と番組では問いかけていた。二つの事柄に相関関係があり、偶然ではないことには疑いの余地はない。電話会社は電波が届くように、人口の多い場所により多くのアンテナ塔を建てる。人口が多い場所では多くの子供が生まれるということに、説明の必要はないだろう。つまり、そこにはつながりがあるのだが、それを意味のあるものにするためにはそこからさらに一歩進まなければならない。

あなたが相関関係だと思っているものは、単なる偶然かもしれない。スタート地点で立てるべき良い仮説だ。だが、次に持つべき疑問は、携帯電話のアンテナ塔のように、ほかに何かが起こっている場合があるので、もう一歩進むかどうかだ。

息子の学校から届いた手紙には、出席率が悪い（学校全体の話で、息子にかぎった話ではない）と書かれていた。手紙の文句はこうだった。「直接的な関係があるというわけではありませんが、統計によれば、出席率が一パーセント上がると、成績が五～六パーセント上がる可能性があります」

直接的な関係があると主張していなかったのはとても良かったのだが、その書きかたと教育省と同じ意見には、ある事柄が別のことにつながっていると主張する意図であることがはっきりしている。特にややこしいのは、その手紙があらかじめ申請された欠席の多さに文句を言っていたからだ。申請された欠席と、どんな理由であれ生徒が来なかっただけの欠席をくらべているようには見えない。このプロセスには別の段階があるように思われる。毎日起こされて学校に行くように言われるような安定した家庭なら、宿題をするように促すような、良い成績につながることもおこなわれているだろう。逆に、申請されていない欠席が多いということは、そのようなサポートが家庭にないと思われるが、申請された欠席ならそうではない。教育省の統計では、給食が無料になっている生徒（一般的には低収入の家庭かどうかの指針と考えられる）は学校を欠席する率が高くなっている。三年生から六年生（七歳～一一歳）では、（他の年齢ではそうではないのだが）申請された欠席が多い生徒は成績の平均レベルがやや高かった。だが、私はここでもそれに因果関係があるという示唆には疑問を抱いている。したがって、自分に問いかけるべき疑問は、数日学校を休んだ生徒の成績が悪いのは、その数日のあいだに大事な授業があったのではないか、あるいは健康状態が悪いとか、家庭環境が混乱しているとかの別の理由があって、成績が下がったのではないかと考えることだ。息子の学校の出席率は悪いかもしれないが、学業成績は悪くない。

ほかに何が起こっているのかに疑問を抱くときに見るべき別の面は、**間違った方向の原因を考えていないか**ということだ。

政府は、ティーンエイジャーのスマートフォン利用に制限を設けるべきかどうかを検討中だ。女の子たちのあいだに不安が広がっていることを引き合いにして、それを正当化している。過度にスマートフォンに時間を費やしているティーンエイジャーのほうが不安やうつになりやすいという研究があるのだが、不安やうつになっているティーンエイジャーはスマートフォンに長い時間を費やしがちだと言うこともできる。大きな問題は、ほとんどすべてのティーンエイジャーがスマートフォンを使っていることで、うつのティーンエイジャーが電話を使っているのと同じように、うつではない子たちも使っている。

普遍的な活動になんらかの責任を負わせるまえにこのような要素を特に確認する必要がある。たとえば、ほとんどの子供がワクチン接種を受けているので、さまざまな病気にかかった子供たちもそのようなワクチンを受けていたことになる。相関関係を示すだけでは充分ではないのだ。ワクチン接種を受けていた多くの子供はそのような病気にはかかっていないのだから。RCTや、あることが別のことの原因になるメカニズムの理解がない場合は、それが偶然だと見なさなければならない。

数字が妙に細かくなっていないか？

頭部損傷を受けた人に関する話のなかで不思議に思うのは、頭部損傷で入院したあとの一三年間という期間だ。なぜ、その後の一三年という期間に興味を持つのだろう。調査をはじめるまえに選ぶなら、一〇年か一五年にしたはずだ。一三年間という選択は、その期間がいちばん極端な結果が出たからではないだろうか。もちろん、それが唯一の可能性ではない。

データが得られたのが過去一三年間だけで、研究者たちはできるだけそれを利用しようと躍起になったのかもしれない。

　だが、時間の経過で何かを表している表のなかから、最高地点と最低地点を拾いあげて傾向を主張するのは簡単だが、その前後の出来事を無視することになる。

　一三年間という期間を考えると、それは〝妙に細かい（オッドリー・スペシフィック）〟と表現することができる。これは、いまはもうなくなってしまったウェブサイトの名前と同じで、そのサイトでは、驚くほど正確な数字の例が満載されていた。そのなかに、アメリカ式の道路標識の写真があり、速度制限が15¾と書かれていた。加工されたものだと思われるのは、その後ろに「標識に注意」という標識があるからだが、この言葉が本質を突いている。切りのいい数字になると思っているところに、そうでない数字が来たら、その理由を知りたくなるはずだ。

　このことを考えながら近所を散歩していたら、地元の不動産会社が立てた大きな看板に、シャンパンの写真とともに「二八周年のお祝い。お祝いを記念したサービスを用意しておりますので、お問い合わせください」と書かれていた。二八周年が特別重要だとは考えたことがなかった。南欧の一部の地域では、結婚二八周年が琥珀婚で、蘭を贈るという記事をウェブサイトで見つけた。だが、その看板を見て思ったのは、不動産会社が利益の一部を削って、自分たちの特別な創業記念を祝うことはないだろうということで、客を呼びこむためだけのイベントではないかということだ。自分が絶望的にシニカルな人間で、地元の不動産会社のお祝いに手を貸して喜ぶべきなのはわかっているが、妙に細かい数字を見ると、すぐに戸惑ってしまうのだ。

こういうことをおかしく思う感覚は、子供にもはっきりある。先日、私の六歳の息子がキッチンに駆けこんできて、ばかみたいに笑いながら、一三八話記念に放送された〈永久保存版!「ザ・シンプソンズの秘密」〉を観ていたのだと言った。

もう一つある。ロンドンの地下鉄に出会い系サイトの広告が掲載された。そのサイトで一四万四〇〇〇人のイギリス人に恋人ができたと書かれていて、「それはつまり、地下鉄車両二二〇八両分ということです!」とつけ加えられていた。私はどうして二二〇八両なのだろうと考えた。もしそうなら、各車両には六五・二人が乗っていることになる。満員電車の二二〇〇両分しか恋人ができなかったと考えたら、そのサービスに登録する人は減ってしまうのだろうか。私は幸せな結婚生活を送っているので、どちらにしても登録することはない。だが、私と同じように数字に詳しいが、独身の人はいるはずだ。信じがたいということはわかっているが。

妙に細かい数字が神経にさわることがあるのは、その内容にしては正確すぎる数字になっているからだ。これは予測の場合に特に顕著になる。

誰かが今後一〇年のあいだに何かが経済に与える損失額を一ポンド単位まで予測していたら、モデルの精度を過度に上げていることがわかる（前述したように、そのような予測がでっちあげの可能性が高いことを抜きにしても）。

二〇一八年のある報告では、EU離脱派がツイッターで自動的にタスクを実行するウェブ・ボットを使って、ツイッター上の離脱派と残留派のコンテンツにミスマッチを起こし、実際の投票で一・七六パーセントポイントの差を生んだとされている。同じことがアメリカの大統領選挙でも起こり、ドナルド・トランプ票を三・二三パーセントポイント増やした。ツイッター上でシェアされているコンテンツと実際に投票に出かける人々のあいだのメカニズムは、どう考えても疑わしいものだが、小数点以下二桁までの非常に細かいパーセントポイントで表されると、正当化される以上にかなりポイントを上乗せしているのではないかという気になる。

熱波に襲われた二〇一八年の夏に、ラジオ4にワイン生産者が出演し、イギリスのワイン生産者は世界の〝二六カ国より多い国〟に輸出していると話した。それを聞いて、実際の数字はなんだろうと思ったのなら、コツがつかめてきている。二七カ国であれば、なぜ二七カ国と言わないのか。二八カ国なら、なぜ二七カ国より多いと言わないのか。〝〜より多い〟と言う場合は、切りのいい数字が入るはずで、そうでなければ、妙に細かい数字になる。

奇妙に聞こえるときには自分でわかるようになった。フランスで買ったものが一〇〇ユーロだったと言った場合、それを八八・一五ポンドに置きかえないのは、最初の数字がそこまで正確ではないからだ。約一〇〇ユーロと言えば、約九〇ポンドになる。

何かが何かの原因であると言われたときにいちばん覚えておいてほしいのは、**まず偶然であると考え、つながりがあるのなら、ほかに何が起こっているのかを質問しなければならないことだ。**移民が若者の失業率を増やしているのか、あるいはそれと関連するかもしれない景気後退が起こっているのか。

調べている因果関係が、自分がそう信じたいものであれば、とりわけ注意が必要だ。すでに自分が信じていることとマッチする何か、たとえばチョコレートが体重減少を加速させるというようなことだ。これもまた、慈善団体が実施した調査には気をつけなければならない理由だ。慈善団体はすばらしい仕事をしているが、彼らが発表する統計は少し説得力に欠ける。われわれの脳はパターンを見つけ、原因を割り当てるようにすでにプログラムされているので、それに加えて、自分が好意を持っている組織の発表を信じたいときには、警戒が必要だ。この章を読んだのなら、因果関係のように見せかけられた相関関係には注意を払えるようになっている。

それはこの章に書かれたアドバイスの結果かもしれないし、単なる偶然かもしれない。

第八章

危険なフレーズ

STATISTICAL

警戒すべきこと

見たり聞いたりするたびに頭のなかで警報を鳴らすべきさまざまな言葉やフレーズがある。かならずしも耳にする数字が間違っているとか、誤解を招くということではなく、**本物らしく見えてしまう**ということだ。そういうものは広告やニュースで目にするし、政治家の言葉にも現れるので、だまされるかもしれないヒントととらえるべきだ。数字を正しく理解すれば、正しいタイミングで警告サインを見つけることができる。その話を完全に無視してしまうか、さらなる情報を求めるかを選べるようになるからだ。この手のフレーズのなかには、しょっちゅう現れるものもある。大きなスポーツイベントがあるたびに出てくる〝病欠〟統計もそうだ。重要な演説のなかに出てくる場合もあり、注意していないと気がつかない。

そのようなフレーズが聞き分けられるようになれば、あらゆるところで見つかるはずだ。

最大

「**最大**」という言葉は広く使われていて、たいていはわざとあいまいにして誤解を招くフレーズで、提示されている数字が最大可能値ということだ。

大通りに出ている「いつでも最大六〇パーセント値引き」という看板を見ると、その店では六〇パーセントを超える値引きはけっしてしないという断固とした保証のように思える。店にあるものがなんでも六〇パーセントオフになっているわけではない。それどころか、店にあるものがまったく値引きされていない可能性もあり、六〇パーセントを超える値引きをしているものは何もないと言っているだけだ。

同じように、「当店からのギフトです。厳選した商品が最大三〇パーセントオフ」というデパートの看板もあった。「三〇パーセントオフ」の部分が五〇〇ポイントくらいの太字で書かれていたと聞いても驚きはしないだろうが、「最大」と「厳選した商品が」の部分は一〇ポイントくらいの文字だった。だが、「厳選した商品」という免責事項は興味深い。厳選されていない商品は三〇パーセントを超える値引きになる可能性もあるからだ。

このよう手法は小売業者がよく使うものなので、私たちは慣れてしまっているが、それがニュースに使われると問題になる。とりわけ私のお気に入りの話を台無しにしてしまうようなときは。

二〇一二年一二月にメトロ紙が、サウスヨークシャー州警察が窃盗防止のために七〇〇〇ポンドをかけて厚紙で二八〇〇体の警察官をつくったと報じた。「厚紙の警察官によって犯罪が最大五〇パーセント減った地域もある」と記事には書かれていた。何よりも私が死ぬほど知りたいと思ったのは、サウスヨークシャー州警察が、犯罪が減少したのがすべて厚紙の警察官のおかげで、ほかの要因ではないとどうしてわかったのかだ。

だが次に考えたのは、その記事では、犯罪が減ったのかどうかわからないということだった。わかるのは、ある地域では犯罪が五〇パーセントを超えて減ってはいないということだけだ。つまり、それ以外の地域では五〇パーセントを超えて減っているということになる。

もっと深刻なのは、二〇一七年の保守党のマニフェストに入れられた「最大一万人のメンタルヘルスの専門家を新たに」採用するという公約だった。政府が一万人以上を採用するまで続けるという約束だ。同じ選挙では、自由民主党が「国立自然公園を新たに指定して、緑の空間を味わえる最大一〇〇万エーカーを守る」と約束した。選挙公約をつくるときには、最大限ではなく最小限のほうが適切だと私は考える。

ほかにも同じように役に立たない表現はたくさんある。「~もの（と同程度の）」というのもあり、これは「最大」と「少なくとも」と同じ意味だが、この二つは反対の意味だ。特定の数字に関して最大限にも最小限にも興味がなければ、それを使わないことだ。

「最大」という言葉をしょっちゅう使うだけではすまないのか、もっと悪い使いかたをしている場合も多い。

オンラインメディアのバズフィードは「ＢＢＣニュースの三〇〇〇人もの管理職が最大七万七〇〇〇ポンドかそれ以上を稼いでいることが、漏えい文書によって判明」という見出しをつけた。その意味を分解すると、七万七〇〇〇ポンドより多く稼いでいる管理職も、七万七〇〇〇ポンド未満の収入を得ている管理職も三〇〇〇人よりは多くないということになる。それではニュースになるとは言いがたい。

〝嘘の病欠〟統計

すべきではないことをしている人の数を自信たっぷりに喧伝している統計がどれだけあるかを知ったら、信じられないと思うだろう。誰にも知られないようにしているはずだから、そんな数字を集めるのはきわめて難しい。

私はよくＰＲ会社から、特別な日に〝嘘の病欠〟を取る予定だという人の数がわかったというＥメールを受けとる。通常は週の半ばにある大事なサッカーの試合のようなイベントのときだ。そのような数字はアンケート調査に基づいている。私は誰かが電話してきて、テレビでイングランドの試合を観るために病欠を取る予定かどうかを訊いてくれる日が来るのを楽しみに待っている。はいと答える人が本当にいるのだろうか。私に送られてくる調査では、そのはずだと示唆している。不正な病欠を取る予定の人の数に捕捉される情報はつねに、それが経済にどれだけの損失を与えるかだが、第三章ですでに述べたように、そのような主張は疑わしい。

病欠の話は取るに足りないものだし、たいていは無害（であってほしい）だが、同じ原則が犯罪行為についての数字にも当てはまる。違法行為についての統計が、被害者の報告やアンケート調査から出る場合があり、精密な科学とは言えないが、それ自体には問題はない。だが、不法移民や違法ダウンロードや運転中の携帯電話の使用などの数字には、眉にかなり唾をつけて聞くことだ。

記録的な数字

私たちはみな記録的なことが大好きだ。誰かがオリンピックで金メダルを取ったり、新記録を出したりしたら、その成績におまけがついたようなもので、私もみなに負けないくらい声援を送る。だが、人生のほとんどの部分はオリンピックとは違う。あなたは毎秒人生最高年齢を記録している。人口は増えていくし、物価は上がっていく。

つまり、何かをしている人はつねに記録的な数になり、政府にしても個人にしても、支払っている金額は記録的な額になるということだ。テリーザ・メイ首相はつねに、教育に記録的な金額を投入すると言っているが、それは学校に通う子供を持っている人たちには驚きかもしれない。地元の学校はいつも資金不足だと聞いているからだ。イングランドの学校にかけられている予算は実際に記録的な金額だが、生徒数の増加と物価の高騰によって、学校は二〇二〇年までに予算の約八パーセントを貯蓄にまわさなければならない。記録的な金額がかならずしも充分ではないのは、学校が支払っているものの値段は毎年上がっていくと予想されるからだ。教員の給与、校舎の維持費、光熱費、書籍、文房具など、すべてが高くなっていくだろう。それに、二〇〇〇年代初頭にはベビーブームがあったので、その子たちが学校に入ってきている。知っておかなければならないのは、価格上昇（インフレ）分を調整したあとでの生徒あたりの費用がどうなっているかだ。

死亡者数

災害によって亡くなった人の数を聞いたときには、その統計がどのように集められたのかを考えなければならない。二〇〇四年一二月二六日の津波の写真を見たときのことを覚えている。多くの町がすべて流失していたのに、公式発表された死亡者数はわずか約一万人で、その後数字は二〇万人以上になった。その地域にいた人はみな、ほかの人を救助することに必死で、亡くなった人の数を正確に知ろうなどとはしていなかった。

二〇一七年六月一四日にロンドンで起こった凄惨なグレンフェル・タワー火災での死亡者数に関する論争を覚えているだろうか。警察の公式発表は一二人で、それがのちに三〇人になり、最終的には七一人まで増えた。警察は死亡についてはっきりしたことがわかるまで非常に長い時間をかけ、すべての部屋を捜索して遺体がないかを確認したが、猛烈な火事によって建物が損傷していたため、かなり困難な作業だった。最初の警察発表を聞いたときには、控えめな数だと思ったかもしれないが、それにはちゃんとした理由があったのだ。

戦争地帯での死亡者数にはかなり不確かなものがある。シリアでの死亡者数には大きな幅があり、イエメンでの死亡者数でいちばん近いと思われるものは病院で亡くなった人の数をもとにしている。だが、紛争のせいで多くの病院が閉鎖されており、ほとんどの戦闘は病院のない地方で起こっている。

これは死亡者数だけの問題ではない。紛争地域ではどんな統計も困難だ。平和な先進国でアンケート調査のための典型的なサンプルを集めるのも難しいのだ。それを戦争地帯でおこなうとしたらどれだけ大変になるか想像してほしい。

国際比較

見出しを書く記者たちは、国同士の統計を比較するのが大好きだが、これは危険なことだ。二〇一五年三月の見出しを例にとってみよう。ルワンダ人はイングランドで再貧困の一〇パーセントの人たちよりも健康で長生きする可能性が高いというものだった。ルワンダの数字は世界保健機構（WHO）から出たもので、それによると、二〇一二年にルワンダで生まれた国民の健康寿命は五五歳で、二〇〇〇年には四〇歳だったことを考えると、驚くほど向上した。

記者はそれを国家統計局（ONS）の数字と比較した。それはイングランドの裕福な人と貧しい人の健康寿命の不平等さを表したものだった。それによると、再貧困の一〇パーセントの人の健康寿命は五二歳で、もっとも裕福な一〇パーセントは七一歳になっている。これは衝撃的な差だが、ルワンダ人との比較は正しいのだろうか。

これを確認するためには、WHOの調査を見ればいい。そこにはイギリスの数字も出ていて、健康寿命は七一歳になっている。ONSがイングランドのもっとも裕福な一パーセントの人に出した数字と同じだ。

二つの研究は同じ言葉を使っているが、違う方法を使ったのではないかと思ったはずだ。この場合は確かにそうだった。ＷＨＯの数字は、国民の健康状態を細かく調査し、存在する平均余命の数字から不健康な期間を引いて出した答えに基づいている。ＯＮＳは年次人口調査の結果を使っていて、その調査では回答者に健康状態を「非常に良い、良い、普通、悪い、非常に悪い」から選ばせている。ＯＮＳの方法では、ＷＨＯが得た回答によって不健康だと分類した人よりも多くの人が、自分を不健康だと分類していたようだ。つまり、イギリスの貧困層とルワンダ人全体の比較は有効ではないということだ。ＷＨＯはこのような調査を収入の低い国でおこなうことの困難さに関しても警告しているので、それもまた国際比較を難しくしている。

本当に国際比較をする必要があるのなら、規模が大きく、世界的に活動している組織を見つけることだ。世界銀行や国連などがこのような比較には向いている。彼らのウェブサイトはかつてよりは使いやすくなっているし、統計部門はとても役に立つ。

模擬調査

世論調査やアンケート調査が疑わしかったり、不正確な場合、人はそれは単なる模擬調査だとか、断片的なものだからだと正当化しようとする。つまり、方法は充分とは言えないが、どちらにしてもそれでなんとか切り抜けようということだ。

　選挙アナリストのピーター・スノーに言わせれば「ちょっとしたお楽しみ」だ。だがその結果が、ある意見がなんらかの方向に向かっていると国民に思わせるようなことに使われれば、深刻な問題になる。〝模擬調査（ストロー・ポール）〟という名前は、麦わら（ストロー）を一本持って風向きを確認したことから来ていると聞いたことがあるが、こちらのほうが模擬調査よりも確かな方法に思われる。

　二〇一七年の総選挙の翌朝に、一八～二四歳の七二パーセントが投票したという報道があったのを覚えているだろうか。これが〝ユースクエイク〔訳注：若者の行動がもたらす大きな変化〕〟のはじまりだった。この言葉はその年にオックスフォード・ディクショナリーが選ぶ〈今年の言葉〉になった。この数字は労働党議員のデイヴィッド・ラミーや英国学生連盟の会長マリア・ボアティアがツイートし、ボアティアは驚いてはいないと語った。

　イプソス・モリの調査では、二〇一〇年にはその年代の四三パーセントしか投票しておらず、二〇一五年には四四パーセントだったことを考えて、私はとても驚いた。その後、この数字はアレックス・ケアンズが出したものだとわかった。彼は若者に投票を促す組織を運営していて、この数字は、彼が学生連盟の会長たちと交わした会話や、彼がおこなったその他の調査をもとにした〝**指標**〟であると強調した。ということで、警報を鳴らすべきフレーズには〝指標〟も入れるべきかもしれない。

総選挙は無記名投票なので、特定の年齢層が何人投票したかという正確な数はわからないが、いちばん信頼できる指標が得られるのはブリティッシュ・エレクション・スタディで、若者の投票率は二〇一五年と二〇一七年にはほとんど変化がなかったという結論を二〇一八年一月に出した。誤差の範囲を考えてもわずかに上がったかわずかに下がっただけだということになる。

このような言葉やフレーズを見たら注意をすべきだが、だからといって自分の読んでいるものが絶対に間違っているというわけではない。

ある模擬調査は非常に確かなものだったのだが、それは英国の養豚業界の代弁者である〈ピッグ・ワールド〉がおこなったものだった。わらの値段がどれだけ上がれば養豚農家にとって打撃になるかを調べるために、英国養豚家禽フェアに行った記者に話を聞いてくるように命じた。記者は価格の上昇に苦しんでいる農民と話をした。そのときの会話をあやしげな統計に利用しようとはせず、「模擬調査（ストロー・ポール）でわら（ストロー）に頼った未来への懸念が鮮明に」という見出しで発表した。見事な出来栄えだ。

統計的に有意

統計的に有意（シグニフィカント）というのは専門用語で、調査結果が誤差の範囲外にあるという意味だ。重要という意味のシグニフィカントと混同しないようにする必要がある。

慣習的には、ある調査結果が統計的に有意であるというのは、同じ調査を二〇回やって、その結果が少なくとも一九回は出るという意味になる。アンケート調査で質問をする人や、研究に参加する患者が多ければ多いほど、結果が統計的に有意になる可能性が高くなることを覚えておいてほしい。それは誤差の範囲が小さくなるからだ。本当に大規模な研究になると、統計的に有意な結果が多く出るだろうが、それが大事だということにはならない。

二〇一七年の演説で、英国統計学会の会長であるサー・デイヴィッド・シュピーゲルホルターは、一晩に五時間以上テレビを観ると、二時間半未満の場合とくらべて、致命的な肺塞栓症になる可能性が高まるという調査を例に出した。だがそこにつけ加えたのは、絶対リスクを見ると、「そうなるまでには一晩五時間テレビを観ることを一万二〇〇〇年続けた場合という意味になるので、衝撃はいくらか減少する」という言葉だった。つまり、その結果は統計的には有意であっても、人間の生命にはあまり関係がないかもしれないということだ。

だからといって、一晩に五時間テレビを観るのがそれ以外の意味でも悪くないというわけではない。肺の動脈が詰まってしまうまえに別の問題が出てくるかもしれない。

シュピーゲルホルター教授は、何かを大量にすることが身体に悪いのであれば、少しすることも悪いという考えにも反対意見を述べている。健康関連の記事では、そのような論理に注意すべきだ。

〝有意〟という言葉になんらかの修飾語がついている場合には注意が必要だ。〝ぎりぎりで有意〟、〝有意の可能性がある〟などで、〝事実上の有意〟であっても危険だ。二〇回中一回の結果が偶然であるというのは特に高いハードルではない。調査でそのハードルすら越えられないのであれば、まず間違いなく不充分だ。そして、二〇回中一九回、あるいは九五パーセントの確信というのは、ハードルを設定する標準的な基準だ。九〇パーセント以下に設定しようとしているものを読んだときには、その理由を考えるべきだ。

名前を伏せることを求める人

匿名の情報源にはふさわしい場所がある。記者が犯罪被害者にインタビューする場合や、加害者の場合であっても、相手が匿名を望む理由は明白であることが多い。だが、匿名の情報源からの話ばかりで、しかもなぜ名前を伏せておきたいのかがわかりにくい場合は、警戒するべきだ。

ある通信社ではかつてエネルギー価格担当の記者を雇っていて、その記者が名前を伏せた石油商からの興味深い話をいろいろ書いていた。「水に血が混じっていて、サメが興奮しつつある」というような記事だ。そんな記事は私の日々を楽しくしてくれたが、なぜ名前を伏せた人たちの話を載せなければならないのだろうと思っていた。そういう話を見つけたが、マスコミに話すことを許されていないような友人がいるのだろうか。それとも自分ででっちあげただけだろうか。

排他的統計

〃排他的（独占）〃というのはニュースで使われすぎている言葉で、誰が排除されているのか、その理由は何かと考えてしまう。独占記事になっている理由がはっきりしている場合もある。熱心な記者が何かを見つけるとか、何か、あるいは誰かに接触する努力をし、誰も知らない話を入手したという場合だ。だが、報道機関が特定のデータを独占して入手したと聞いた場合は、その理由を知りたいと思うだろう。忙しいニュース編集室で働いていると、プレスリリースに信頼できない数字が入っているサインに敏感になり、組織がそれを送ってきたことを示す主要な鍵となるものが、独占で入手できると申し出ていることだ。独占記事という罠は記者のガードを緩めてしまう場合もあり、そうでなければ無視していたはずの疑わしい数字を載せてしまう。ここでもまた、その統計に意味がないとはかぎらないが、警戒はすべきだ。

受信メールのなかを長い時間探さなくても、私だけに教えると書かれた〝新しい研究〟というメールはすぐに出てくる（古い研究についてのメールはほとんどもらうことがない）。

リストのトップにあるのは、「Z世代〔訳注：一九九〇年代後半以降に生まれ育った世代〕の三分の二以上（六四パーセント）が、仕事でいちばんやる気を出させるものは給料だと言っている」という暴露だ。すごい話だ。六四パーセントが三分の二以上だと書かれていることを抜きにしても。私はZ世代のそれだけの数が給料をもらうことが好きだという独占的暴露を報道しないことに決めた。

テレビの視聴率

テレビの視聴率というのも、人数をきっちり数えたように聞こえる統計の一つだが、実際はアンケート調査に基づいている。合計一万二〇〇〇人で構成される五〇〇〇世帯が自分たちの視聴習慣を記録し、その数字から人口全体の視聴率が推定される。とりわけ、これだけ多くのチャンネルがあると、一人か二人が視聴習慣を変えただけで、特定の番組の視聴率に大きな影響を与える可能性がある。しかし、オンラインでのアクセスではこれは当てはまらない。ＢＢＣニュースのウェブサイトで働きはじめた二日目、私は前日に自分が書いた記事が何回クリックされたかを正確に記したメールを受けとった。それはすごくわくわくする経験だった。なにしろ、そのような正確な数字が存在しないテレビ業界から来た身だったから。

イギリスで使われているバーブテレビ視聴率システムはアンケート調査をもとにしているが、それでも、かなり大規模な調査だ。そこから出された数字は、世界じゅうで特定のスポーツイベントを観ているとされる、ときおり目にする人数よりもずっと確かなものだ。ツール・ド・フランスを観ていた人数は四〇億人だという主張もあれば、三五億人や一六億人だという話もあった。

かなり疑わしいもう一つの数字が、特定のアーティストのレコードが世界じゅうで何枚売れたかというもので、通常はそのアーティストが亡くなったときに広く報道される。このような世界的な数字は簡単には集められない。特に、私たち自身も亡くなったことを悼むような年配ロッカーの初期のころの数字は難しい。このような数字は絶望的に信頼できないので、よくても推量だと考えるべきだろう。

長期間にわたる比較

二〇一六年初頭のEU離脱国民投票のキャンペーンで、マイケル・ゴーヴは、EU加入後のイギリスの貿易比率は加入前よりも低かったと主張した。私はロンドンのギルドホール図書館に行き、一九七二年版の『Annual Statement of the Overseas Trade of the United Kingdom（英国海外貿易年次報告）』全五巻を調べてみた。週末が過ぎてから、サービス貿易を無視していたことに気づいて、『Britain's Invisible Exports（英国の目に見えない輸出）』という別の本も調べることになった。その時点でやさしい経済歴史学者が気の毒に思ってくれて、国連のデータベースで正しい数字を見つける手助けをしてくれたおかげで、EU加入後の貿易の割合が主張されているように低下してはいないことがわかった。

このことで、昨年、あるいはこの五年間での統計の変化を見つけることにいかに楽をしていたかがわかった。オンラインで確認すればいいだけだからだ。ニューポートにあるONSのいくつかの部署では、巨大な革貼りの歴代の統計書をいまでも誇らしげに展示しているが、通常は書類のコピーを使わなければならないことはない。

長期間にわたる比較には問題がある。国によって同じ名前でも指標が変わってしまうのと同様に、同じ国のなかでも時間がたつと指標のための方法論が変わってしまう可能性があるからだ。大きな変化があったときにはデータに継続性がないという警告があるかもしれないが、そういうものは見落としがちだ。

イングランドとウェールズの国勢調査を例にあげてみよう。一〇年ごとに実施されていて、そこでは各家庭の部屋数を尋ねている。一九七一年には、回答には六フィート未満の広さのキッチンは部屋数に入れないように言われていた。一九八一年と一九九一年には六フィート六インチ未満の広さのキッチンは無視されていた。二〇〇一年と二〇一一年にはすべてのキッチンが部屋数に入れられたので、全体を見ると家庭ごとの部屋数が実際より増えたように見える。小さなキッチンも数に入れられたからだ。

最近の私のお気に入りの主張の二つには非常に長い時間の経過が入っていて、給与の伸びがナポレオン戦争以来でいちばん遅いというものと、二〇一〇年以来の政府の借金が労働党政府をすべて足した借金よりも多くなっているというものだ。どちらも確認が楽しかったのは、経済歴史学者に話を聞き、イングランド銀行のすばらしい〝マクロ経済データの一〇〇〇年〟という研究資料を使うことになったからだ。それでも、一八〇〇年代の給与額は大ざっぱなものだし、一九二四年のラムゼイ・マクドナルド政府の借金と二〇一〇年の連立政権の借金を比較しようとすることは、国とその経済に起こったことをすべて無視することになる。

何かが何百年間で最悪であるというような主張は、かなり割り引いて聞いたほうがいい。

公式統計

公式統計という言葉を使っているものはたくさん見るが、それはどういう意味だろう。イギリスの統計における代表的な存在は国家統計で、〝国家統計〟と書かれたチェック印のついたカイトマーク［訳注：イギリスの国家規格のマーク］がついているので、わかりやすい。国家統計の実施と発表には厳格なルールがある。その方法論に対する懸念から、国家統計はときおりカイトマークを抹消されている。要するに、国家統計は厳重に規制されているということだ。完璧ではないものの、おそらく入手できる最善の数字だ。政府機関も〝公式統計〟と呼ばれるものをつくっていて、それにも統計の実施規則が適用されているが、そこまで頑健でも重要でもない場合がある。政府機関が発表しているその他の数字はかならずしも信頼できるものではないのだが、時間のない記者は、政府の発表だからと考えて、それをうっかり公式なものとして記事を書いてしまうかもしれない。このような発表が問題になるのは、大臣がどの数字を目立つ場所に置くかに関わっていて、内容全体に一貫性がない場合があるからだ。公式統計として分類されていない政府機関が出す数字も、その他の組織が出す数字と同じように疑ってかかるべきだ。

貧困統計

貧困の数字は、絶対的貧困の場合もあるし、相対的貧困の場合もある。相対的貧困とは、税金と生活保護を引いた収入が中間値の六〇パーセント未満の世帯を指すことが多い。覚えているだろうか、中間値の収入とは、世帯の半分がそれより高く、半分がそれより低いという金額だ。このような数字は一般的には世帯の人数によっても調整される。人数が多ければそれだけ生活費が必要だからだ。この測定には利点がある。ほかの世帯が買えるものが買えるかどうかということがわかる。だが、経済が非常に悪化した場合には中間値の収入が下落しやすいので、急に相対的貧困から抜けてしまうという、奇妙な事態も起こる。それはその世帯の収入が上がったのではなく、ほかの多くの世帯が悪化しただけだ。

絶対的貧困とは、一般的には食物や衣服や住居などの基本的必需品が買えない状況と考えられているが、イギリス政府はそのように考えていない。イギリス政府の絶対的貧困の測定法は相対的貧困と同じなのだが、同時期の中間値の収入ではなく、二〇一〇〜二〇一一年の中間値を使う。これが事態をやや混乱させている。私が提案できるのは、貧困状態で暮らしている人の数の変化についての話を聞いたときには、どのような測定方法で話しているのかを確認することくらいだ。

世界的な不平等についての数字には注意すべきだ。特に、富の不平等について非常に注目を浴びるような測定法では、マイナスの富を考慮に入れている。つまり、最貧の人というのはスラムに住むほとんど何も持たない人ではなく、多額の住宅ローンを抱えて豪邸に住んでいる人や、学生ローンによるかなりの負債を抱えているが高収入の職についているような人だ。このような人たちは、一般的に思われている世界的な富の最下層にいる人々ではない。

潜在的

ここで会社の業績については詳しく語りたくないのだが、重役たちが語る自社の業績についての話を聞いたときは警報を鳴らすべきいくつかの言葉があり、それは〝調整後〟や〝潜在的〟だ。決算をまとめるときの規則は、会社の業績を他社と広く比較できるようにするために、かなり恣意的に仮定された数字を使うようになっている。しかし会社のボスというのは、見出しでよく使われる税引き前利益や純利益といった数字から受けとるメッセージは会社で実際に起きていることとは違うと主張したがるので、〝調整後〟の数字を出し、それは企業の〝潜在的〟な業績だということになっている。

これが充分理にかなっている場合もある。五年前の間違った企業買収で使った金額をすべて損金処理にすると決めた場合、何十億ポンドという総合損失を報告しなければならないので、その損金処理を除外した数字があれば、それ以外の業績がどうなっているのかがわかりやすくなる。

一方で、調整が企業を理解しやすくするためではないと感じる場合もある。除外されたり調整されたりする事柄が多いほど、全体像が見えにくくなる。

かつてサービスつきのオフィス・スペースを提供していたアメリカの会社があり、コミュニティ調整後ＥＢＩＴＤＡと呼ばれる数字に集中しようとしていた。ＥＢＩＴＤＡは利益を表すかなり標準的なもので、支払利息、税金、建物や機器などの減価償却費といった要素を除外したものだ（ＥＢＩＴＤＡは金利・税金・償却前利益の頭文字だ）。だが、コミュニティ調整後というのは、人件費や広告費や新規拠点でのオープニング費も除外されているということになる。コミュニティ調整後ＥＢＩＴＤＡはプラスで、企業が利益を出していることを示していたが、総合的な利益額はマイナスで、純損失は九億ドル近くになっていた。

その会社は正しいのかもしれないし、採算性の大きさが企業の体力には大きな影響を与えないさまざまな事柄によって隠されていたのかもしれない。だが、さらなる調査が必要なのは間違いなかった。

特定の言葉やフレーズに注意しはじめると、しょっちゅうそれを耳にすることになるだろう。それはだまされているかもしれないことを思いださせてくれるすばらしい方法であり、その主張をもう少し調べてみるか、完全に無視してしまうかになるだろう。

特に、〝最大〟、〝模擬調査〟、〝調整後〟というフレーズに注意しなければいけないことがわかれば、突きとめるのが難しい事柄についての数字が統計でどのように測定されているのかを考えられるようになる。

つまり、自分が見ている統計も、それと比較される別の統計も、かたよっている可能性があるということだ。

第九章

リスクと不確実性

STATISTICAL

真実ではない可能性はどれくらい？

二〇一四年二月、イギリスの失業率に関する混乱があった。ニュース機関によっては失業率が七・二パーセントに下がったと報じていたところもあったのに、七・二パーセントに上昇したと報じているニュース機関もあったのだ。実際は、前月の数字はそれよりも低かったにもかかわらず、下がっていた。理屈に合わないと思っているかもしれないし、そう思うのはもっともだ。

この章は不確実性、リスク、可能性を取りあげるが、これらは統計学に重要な部分でありながら、それに見合うだけの注目をされていない部分だ。見出しで強く主張されている大きな統計を見るときには、それが正当化できるかどうかを慎重に考えるべきだ。そのような主張で使われている統計の多くは、概算以上のものを提供できるほどしっかりしたものではないのだが、使っている言葉によって、正当ではない正確さを示唆している。何かが真実である可能性を調べることは、裏返せば、それが真実ではない可能性がどれだけあるかを調べることになる。それはつまり、そこに含まれる不確実性を理解するということだ。

物事が起こる可能性について話しているときは、リスクについて話している。リスクのレベルを理解し、伝えることは、統計学者や記者や政治家にとっての大きな課題だ。それを本当に解決した人はまだ誰もいないが、誤解されている場所や、正しくとらえようとする方法を理解すれば、何が起こっているのかがずっとよくわかるようになる。

この分野で必要な三つのツールは以下のとおりだ。

・その話が本当であるかどうかを見つけるために不確実性の尺度を使う
・絶対リスクとパーセント変化のどちらも見ること
・二つ以上のことが起こる確率が正しく考慮されているかどうかを確認する

その話が本当であるかどうかを見つけるために不確実性の尺度を使う

毎月発表される失業者数は、就職したいができていない人の正確な数を数えたものだと思うかもしれないが、そうではなくて、アンケート調査をもとにしている。それは失業率を測るごく普通の方法で、現在のイギリスの失業統計は入手可能な最善の数字になっている。だが、その数字を正確にするためにどのような方法論が使われているのかを理解することが大切だ。

イギリスの公式統計はほとんどすべてサンプルをもとにしていて、残りの国民が、選ばれた少数と幅広く同じような特徴であると推定しておこなわれる。とはいえ、ＯＮＳが実施している赤ちゃんの名前の統計は、推定ではないすべての数を数えたものをもとにしている。つまり、毎年特定の名前をつけられた赤ちゃんが、その名前が三人以上いるかぎりは、何人いるかがはっきりわかるということだ。二〇一七年にはイングランドとウェールズでオリヴァーと名づけられた男の赤ちゃんは正確に六二五九人で、オリヴァー＝ジョンは三人だったと言うことができる。

しかし、より重要なイギリスの統計のほとんどは概算であり、それについては正確すぎるという印象を与えないように正しい言葉を使うことが大切だ。含まれている不確実性のことを考えるために、話を戻して、失業率が理屈に合わないほど混乱した理由を見てみよう。そのためには、その数字がどのように集められたのかを知る必要がある。

失業率

失業に関する見出しで使われる数は、かつては失業保険を申請している人の数だった。これは請求者数と呼ばれるが、その後、障害者手当のような別の手当に人を動かすことで、政府が数字をいじることができるのがわかった。新しいユニバーサル・クレジット制度［訳注：低所得者向けの給付制度］によって、失業者数の見積もりに請求者数を使うことがさらに難しくなった。ユニバーサル・クレジットの請求者には雇用されている人も失業している人もいるからだ。その結果、請求者数は国家統計では使われなくなった。請求者の数をただ数えることから脱するために、ONSは何年ものあいだ、国際的合意を得た失業の定義を使ってきた。失業というのは、仕事を持っておらず、過去四週間のあいだ仕事を探す努力をしていて、今後二週間のうちに仕事をはじめることができない状態だ。

その数字を出すために、ONSは労働力調査を実施した。これは三カ月ごとに一〇万人から成る四万世帯に話を聞く大規模な調査だ。まず、スタッフが国じゅうをまわって家庭を訪問し、イングランド南岸のティッチフィールドにあるONSのコールセンターからフォローアップの電話をする。BBC3で〈ザ・コールセンター〉というドキュメンタリーを観た人がいるかもしれないが、これはスウォンジーのコールセンターのボスであるネヴ・ウィルシャーと彼の部下たちの行動を追った番組だ。部下の多くは二〇代で、必死でベッドから起き出し、電話で話をしてくれる人をつかまえようとする。だが、ティッチフィールドにあるONSのコールセンターはそれとはまったく違う。そもそも、そこで働いている人の大半はもっと年かさの女性で、長いあいだその仕事をしている。私は数年前にそこを訪れ、電話での会話を聞かせてもらった。調査員からよくかかってくるタイプの売り込み電話のようなものとはまったく違っていた。電話をかけている相手は電話が来ることがわかっているし、その制度との結びつきができているように思われた。

要するに、これは非常に質の高い調査だが、それでもアンケート調査なので、誤差の範囲がある。ONSは労働力調査のすべての測定法における誤差の範囲を上手に説明してくれている。その説明には信頼区間を使っていて、それは実際の数字があると思われる範囲の幅を示したものだ。

たとえば、失業者数の変化を表す数字は一般的には信頼水準九五パーセントで約七万五〇〇〇の信頼区間であるが、その意味は、失業者数の変化はONSが出した数字のプラスマイナス七万五〇〇〇の範囲であることに九五パーセントの確信を持っているということだ。失業者数の変化が信頼区間より小さければ、その数字は統計的に有意ではないとされ、失業者が増えているとも減っているとも言えなくなる。

二〇一七年のすべての数字を見ると、どの月でも失業者数の変化が有意だったことはなかった。その年に出たどの見出しも四半期の数字をもとにしていて、イギリスの失業者数が増えているとか減っているとか書かれているものは、統計の使いかたを間違っていたわけだ。

このような数字をややこしくしているもう一つの要因が、四半期ごとの統計、つまり三カ月ごとなのだが、それが毎月発表されているということだ。一月から三月の数字は五月に発表され、二月から四月の分は六月に発表されるという具合だ。そのため、ティッチフィールドのコールセンターから電話をかける人たちは、調査をする家庭を四半期の一三週間で平等に分ける。つまり、毎月使われるデータの三分の二はそのまえの月にも使われている。毎月の数字は前回の数字が発表されてから話を聞いた三分の一の回答者の答えをもとにしており、三分の二は過去二カ月に回答者から得た答えをまだ使っている。そういうわけなので、今月の数字を前月の数字とくらべるべきではない。くらべるべきなのは三カ月前に発表された数字だ。

ここで章の最初に書いた状況になる。

ＯＮＳは二〇一三年の一〇月から一二月の失業率が七・二パーセントだと発表した。報道機関のなかには意外な上昇と報じるものもあり、それは前月の数字（九月〜一一月分）の七・

一パーセントとくらべていたからだ。しかし、その数字は前月の数字ではなく、前四半期の数字、つまり七月から九月の七・六パーセントとくらべなければならなかった。

続いていく四半期を毎月報告するという形式は、数字を報道しようとする記者たちにとっては厄介なものだ。一九九〇年の後半までは、失業率は四半期に一度だけ発表されていたが、それまで以上のデータを集めなくても毎月発表できることがわかった。

この問題を軽減する方法はある。

一つは、労働力調査でインタビューされる人の数を三倍にする方法だが、それにはとんでもなく金がかかる。それに、政府が雇用統計の集計に余分な金を少し投入して、調査される家庭を二倍にしても、失業率の変化の信頼区間が約七万五〇〇〇ではなく約五万五〇〇〇になるだけだということも頭に入れておかなければならない。

もう一つの方法は、失業率を前四半期ではなく前年とくらべた見出しをつくることだ。これによってより意味のある変化を見ることができるが、同時に統計の新しさは失われてしまう。

あるいは、もっと思いきった方法で、報道機関が失業率を報道するのは、統計的に有意な変化があったときだけにするというものだが、そんなことになるとは思えない。

注目を浴びる統計

失業率は毎月発表される統計のなかでも注目を集めるものだ。それ以外にも多くの人が注目する数字には、インフレや移民やGDPなどがあり、どれもサンプリングを使っている。

インフレの数字は物価がどれだけ上昇したかを示している。概念的な買い物籠をもとにしていて、イングランド銀行の金利設定をおこなう金融政策委員会が目標とする数字だ。統計学の権威であるこの委員会は一カ月に購入される一般的な商品の範囲を決め、販売経路の範囲のなかでそれらの商品の価格がどれだけ変化したかを見る。経済全体の物価変動のサンプルである。統計学者が選んだ商品範囲から大きく外れたものを買ったり、別の供給業者を使ったりすれば、インフレ率も変わってくる。

移民の数字は税関を通る人々のなかから選んだ人に、定住するのか、少なくとも一年以内には出国するつもりなのかを尋ねた結果をもとにしている。移民を把握する方法、特に人数を把握する方法としては不確かだと思うだろう。予定を変えたり、質問に答えることを拒否したり、嘘をついたり、ONSのスタッフが質問していない場所の税関に着く人々がいるという要素によって正確さに影響が出てしまう。

たとえば、二〇〇〇年代半ばに東欧から到着した人々の多くは、国際旅客調査の調査員がいない地方の小さめの空港に到着していた。失業率の調査と同様、サンプリング法では移民の増加や減少は統計的に有意になるほどの大きさが必要なので、移民が増加したか減少したかについて確信を持った発言がつねにできるわけではない。

初期のGDPの見積もりは、おそらくもっとも影響力のある経済的統計で、比較的小さな企業集団から得た実際の業績をもとにして、経済界で起こっていることを推定したものに大きく頼っていた。GDP額が四、五回出されたころには、企業からのより正確な利益をもとにしていて、推定部分が少なくなっていたが、経済界に起こっていることに関する人々の認識を変えるにはおそらく遅すぎ、教えてもらったことをもとにするという政府や中央銀行の方法を変えるにも遅すぎたかもしれない。

公平を期すために述べておくと、ONSはあらゆるタイプの興味深い研究をしていて、統計の正確さとスピードを向上させるために、別のデータをどう使うかを調べている。

病院の記録を使って人口データを改善できるかもしれないし、スーパーマーケットのウェブサイトから価格のデータを集めてインフレのデータに役立てることもできるかもしれない。ユニバーサル・クレジットから信頼できる請求者数を得る方法もやがて見つかるだろうし、私たちがまだ思いついていないハイテクのシステムによって、より正確な一カ月ごとの失業者数を、余分に何百万ポンドもかけて集めることなく出す方法もあるかもしれない。

アンケート調査のときに述べたことだが、いちばん正確なデータは国民全体に尋ねることだが、それには多大な時間と莫大な金額がかかるので、**入手可能な数字をある程度のスピードで得るというやりかたを受けいれる必要があり、それはつまり、完全には正確ではない**ということだ。

あまり役に立たない測定法

信頼区間がイギリスの失業者数を報道しにくくしてはいるものの、その数字は少なくとも明瞭で理解しやすかった。変動係数、略してＣＶとは違う。これを扱わなければならない目に遭ったことはないと思うが、万が一そうなったときのために言っておくと、ＣＶとは数字の質の指標だ。ＣＶが低いほど質は高くなる。パーセンテージで表され、本当の価値はＣＶのプラスマイナス二倍以内にある可能性が高い。どうしてこのような測定法がつくられたのだろう。例をあげると、五パーセントのＣＶである二〇〇という数字があれば、実際の数字は一八〇から二二〇である可能性が高い。

私が最初にこれに出会ったのは、ＢＢＣニュースで統計部門のトップだったときで、ある日、その日の夜の〈六時のニュース〉で発表する予定だった報告のもとになっていた数字を見るように依頼された。女性の平均週給が大きく減少していることを示唆する数字を労働党が送ってきていて、その数字は選挙区ごとに分けられていた。それは非常に大規模な調査であるONSの〈労働時間及び賃金年報〉をもとにしていて、これは源泉課税の記録から従業員の仕事の一パーセントの記録を取りだしている。しかし、最大級の調査といえども、イギリスじゅうの六五〇の選挙区で分けるのには苦労した。

極端な例を見てみると、われわれに送られてきた数字のなかで、プットニーでは女性の平均週給は二〇一〇年の四六〇・六〇ポンドから二〇一三年の三六六・一〇ポンドに下降していた。約二〇パーセントという驚くほどの下落で、非常に珍しいことだ。真実であるには理にかなっているとは言えないので、私はもうちょっと調べてみた。CVを当てはめてみると、九五パーセントの信頼度で実際の数字は二〇一〇年の三四三・二〇〜五七八・〇〇ポンドから二〇一三年の二二二・六〇〜五〇九・六〇ポンドに下降していることがわかった。これらの数字にはかなりの重複があるので、賃金が下がったと自信を持って言うことすらできない。そして示唆された下落は大きいものの、数字の幅によって小さくもなる。

これは多くの数字に起こっていることで、とりわけ最大の下落が例として使われている場合に起こる。そういう話は無視しなければならない。それを出すために既に多大な作業がおこなわれていたことを考えると残念なことだった。

この話は賃金の数字に関する別の問題にも光を当てている。それは、こちらが思うような答えをしていない人が多いということだ。

この場合は、女性の賃金がどうなっているのかを査定するために平均週給を使うように言われた。それが特に役に立たないのは、女性は男性よりもパートタイムで働いている場合がかなり多いからだ。その地域で新しい会社ができ、パートではあるが高い時給で大勢の女性を雇った場合、おそらく平均の労働時間が減るので、平均週給は減少するだろう。しかし、だからといって、女性の賃金が低いということにはならない。平均時給のほうが役に立つし、フルタイムの人でもパートタイムの人でも使えるのは確かだ。

ここで取りあげているのは信頼区間だけだということは忘れないでほしい。というのも、これは世界でも最大級で非常に頑健なアンケート調査だからだ。たいていのアンケート調査、特に第一章で取りあげたようなものは、誤差の範囲がけた違いになっている。

だが、**非常に注目を浴びる統計であっても、特定の月に何かが上昇したとか下降したと断言できるほどの方法論を使っているのかどうかは考慮する価値がある。**

絶対リスクとパーセント変化のどちらも見ること

第四章でひとりぼっちのパーセンテージの危険について述べたが、それは**絶対値なしでパーセント変化が与えられることの問題**だった。

これが特に問題になるのは、特定の病気にかかる可能性を話しているときで、必要以上に人を怖がらせてしまう本当の危険があるからだ。新聞には連日のように何が癌の原因になるか、あるいは防ぐことができるかという記事が載っているが、状況がすべてわからない状態では、自分の行動を変えるべきかどうかを決めるのはとても難しい。

アンケート調査の不確かさから健康の話に潜む危険へと進むのは少し唐突に思われるかもしれないが、二つは統計のなかではほぼ同じ分野に入る。どれだけ正確かということと、起こる可能性がどれだけあるかということだ。

二〇〇八年三月、デイリーメール紙に「一日にたった一本ソーセージを食べるだけで癌のリスクが二〇パーセント上昇する理由」という見出しが載った。さらに読んでいくとわかるのだが、発見されたのは、一日に五〇グラムの加工肉（ソーセージなら一本、ベーコンの薄切りなら三枚）を食べると、大腸癌になるリスクが五分の一上昇するという内容だった。そこにはソーセージを食べている男の子の写真がついていたのだが、その写真はモデルがポーズをとったものだというキャプションがついている。男の子に本当にソーセージを食べさせたら危険すぎると考えたのだろう。

四年後、デイリー・エクスプレス紙に気味が悪いくらいよく似た見出しが載った。「毎日の揚げ物が癌のリスクを二〇パーセント上昇させる」というものだ。内容はほぼ同じだったが、今回は大腸癌ではなく膵臓がんで、ベーコンがアップになった写真を使っていて、モデルを加工肉の危険にさらすことなく、その話を表現していた。どちらも怖い見出しだ。癌は明らかに悪いことだし、危険の上昇が二〇パーセントというのはかなりの数字だ。

リスクについて語ることは概してうまくいかないものだが、私たち全員のためにその手助けをしようとしているのが、先述したサー・デイヴィッド・シュピーゲルホルター教授だ。彼はケンブリッジで統計研究所を運営しており、そこではリスクについて理解しやすくなる方法を研究している。

彼が推薦しているのは、絶対リスクの文脈のなかでリスクのレベルがどれだけ変わったか（相対リスク）に注目する方法だ。ここでは相対リスクが二〇パーセントだとわかっている。これは一日にソーセージを余分に一本食べる人とそうでない人の差だ。だが、絶対リスクも知る必要がある。それはソーセージを食べたことで影響を受けた人の実際の数字だ。膵臓がんの場合は、一日に一本ソーセージを食べていなければ、生涯では四〇〇人中五人が発症する。毎日ソーセージを一本かベーコンを三切れ食べていれば、それが六人に増える。五人から六人に増えるということはまさに二〇パーセントの上昇だが、実際の人数だと最初の見出しほどの衝撃は受けない。

絶対リスクを理解すれば、そろそろベーコン・サンドイッチをやめる時期だと思うかもしれないし、もっと高いリスクがなければやめようとは思わないかもしれない。そのあたりの問題は私の専門外になってくる（私は豚肉を食べないユダヤ人なので）。

大事なのは、**決断をするためにはどちらの数字も必要**だということだ。特定の病気にかかっている人がほとんどいないのであれば、五〇パーセント上昇する場合でも、ほとんど誰も影響を受けないことになる。

ニュースに出てくる健康についての話に脅えている場合に確認すべきその他の要素の多くはほかの章で取りあげているが、非常に関係の深いものがいくつかある。

第七章で、あることが本当に別のことの原因になっているのかどうかに疑問を呈することを取りあげた。一つの研究で主張されていることに集中しすぎないことも大切だ。それが大切な情報であれば、ほかの研究者も同じことを調べようとするだろうし、そうなればもっと質の高い情報が得られる。時間がたてば、同じ分野の多くの研究結果をまとめた調査結果が見られるので、より信頼できるようになる。

その章では、無作為対照試験についても取りあげた。これは実験にはなんらかの比較が必要だというもので、一般的には特定の治療を受ける人を無作為に振り分ける方法だ。研究者が起こったことだけを観察していたり、自分が関わっていない状態で起こったことをあとから見ているだけでは、あることが別のことの原因になっていると証明するのは非常に難しい。

研究者があらかじめ何を見つけようとしているのかをはっきり決めておらず、統計のなかから調べようとするものを探しているだけという場合には疑いを持つべきだ。そして、相関関係について語るときには、ほかに何が起こっているかの確認を忘れないことだ。

健康についての話のなかで臨床試験が出てきたときには、それを受けるべき人の人数はアンケート調査のときとかならずしも同じというわけではない。もちろん、偶然の結果が出てくる可能性が低くなるから、多くの人が関わっているほうがいいのは確かだ。だが、珍しい病気の研究で、治療によって非常に大きく明白な効果が出る場合は、数人の被験者だけでも結論を引き出すのに充分な情報を得られる可能性もある（規制当局の認可を得るためにはより多くの被験者が必要になる場合もあるが）。そして、見出しが実際に研究結果によって正当化されるものであるかを確認することが大切だ。これについては次の章でより詳しく取りあげる。

この分野でもう一つ重要な現象が**平均値への回帰**で、難しく聞こえるが、比較的理解しやすい。**多くの要素が含まれる状況では、極端な結果のあとにはより正常な結果が出やすい**ということだ。プレミアリーグのサッカーチームが、土曜日の試合で九対〇で勝ったとしたら、次の週には、より正常な、一、二点差の試合になるだろうということだ。

その現象をサッカーの試合で簡単に説明できたのは、イギリス統計理事会の元理事長で、〈More or Less〉の司会者であるサー・アンドリュー・ディルノットのおかげだ。彼は特定の道路にスピード違反取り締まりカメラを設置するかどうかの決断という文脈で説明してくれた。部屋にいる人全員にさいころが二個ずつ渡され、それを転がして出た数字が特定の道路で一年目に起きた事故の数になる。いちばん多い数字、たいていは一一か一二を出した人は事故多発地帯だと宣告される。その結果、二年目にその道路で何件の事故が起こるかを確認するために、二度目にさいころを振るときには、彼らにスピード違反取り締まりカメラを設置することになる。もちろん、事故の数はたいていの場合減るので、カメラを設置されたことが正当化される。平均値への回帰のポイントは、道路での事故数のように偶然が影響するような場合は、極端な年の次の年はそこまで極端ではない可能性が高いということだ。言いかえれば、異常に高い、あるいは低い数字は、偶然によって正常に戻るかもしれないということになる。

不真面目なゲームに見えるかもしれないが、政府が決定する多くの事柄もこれに関連している。なんらかの問題に対処するための行動を起こすかどうかを考慮しているときは、極端なケースを扱おうとする可能性が高い。だが、極端なケースは偶然にすぎないかもしれず、その場合は、翌年にはより正常な結果が期待できる。

これは、特定の病気にかかっている重病患者を治療している場合にも当てはまる。試している治療法が本当には効いていなくても、偶然病気が平均レベルに近づく人もいる。

平均値への回帰は、一八七七年にサー・フランシス・ゴルトンによって最初に提唱された。彼が使った例の一つが両親の身長と子供の身長をくらべたものだ。背の高い親からは、成長したときに自分たちより背の低い子供が生まれる傾向があり、背の低い親からは、平均すると、成長したときに自分たちより背の高い子供が生まれる傾向がある。この理由は、平均すると、子供が平均的な身長になるからで、非常に背が高い、あるいは非常に背が低い親と子供の身長を比較した結果に驚くべきではない。

当局が使っている判断基準が極端であるときには気をつけなければならない。研究から平均値への回帰を除外するのは統計的に難しいが、研究者がその問題に気がついていれば、それは良いサインになる。

二つ以上のことが起こる確率が正しく考慮されているかどうかを確認する

二つ以上のことが起こる可能性を見ているときに持つべき大切な疑問は、その確率につながりがあるのか、独立しているのかということだ。

コインを投げて表が出る確率は二分の一だ。二回連続で表が出る確率は四分の一、三回連続なら八分の一、と続いていく。これは確率が独立しているからなので、倍にしていくだけでいい。裏が出る確率は、前回表を出したかどうかには関係がない。だが、確率はつねに独立しているわけではなく、つながっている場合もある。

黄身が二つの卵を〈More or Less〉が取りあげた日、私はそのスタジオにいた。英国卵情報サービスは、黄身が二つある卵を見つける確率は一〇〇〇分の一だと言っている。BBCの同僚が四個の卵を連続して割ったら、全部黄身が二つ入っていた。黄身が二つの卵を見つけるのがコインを投げるのと同じであれば、連続して二回黄身が二つの卵になるのは一〇〇万（一〇〇〇×一〇〇〇）分の一の確率になる。三回連続だと一〇億分の一で、四回連続だと一兆分の一なので、ほぼ不可能だ。

だが、これは黄身が二つの卵がかたまって現れるという可能性を無視している。同じケースのなかに一つ見つかれば、もう一つ見つかる可能性も高くなるということだ。実際そのとおりで、黄身が二つの卵は特定の年齢（生後二〇週～二八週）のニワトリから産まれる可能性が高い。いっしょに飼われているニワトリは全部同じくらいの年齢であることが多く、同じケースの卵はいっしょに飼われているニワトリのものである可能性が高い。さらに、黄身が二つの卵はその年齢のニワトリが産む卵にしては異常に大きくなるので、若いニワトリが産んだLサイズの卵のケースを買えば、黄身が二つ入っている可能性が高くなる。スタジオの興奮が圧倒的に高まった状態で、同僚が最後の二つの卵を割ると、どちらにも黄身が二つ入っていたので、その確率は一〇の三〇乗分の一になるか、かなり高くなるかのどちらかだ。それはつながりのある確率を考慮に入れるかどうかで変わってくる。

卵黄の話だとたいして大事には思えないかもしれないが、確率のなかにつながりがある可能性を理解していないと、金融危機のときには大変なことになる。

アメリカの住宅金融専門会社はローンが焦げつく可能性の高い顧客に融資していた。ローンの多くはそれを購入する投資家向けにパッケージになっていたが、レーティング会社からリスクが低いという評価を受けていた。どうしてそんなことができたのだろう。その理由は、自社製品のすべてのローンが焦げつかないかぎり、投資への支払いができたからだ。たとえ一人の借り手の焦げつきが比較的高くても、借り手がそれぞれ独立していると考えれば、全体の焦げつきは比較的低くなる。そこで無視されたのは、一人の借り手の焦げつきの理由がほかの借り手の焦げつきの理由とつながっているかもしれないという事実だった。たとえば経済の下降や巨大な住宅バブルの崩壊だ。

確率が独立しているという思いこみは、サリー・クラークの悲劇的な事件でも間違いを起こすことになった。一九九九年一一月にサリー・クラークは自分の二人の赤ちゃんを殺した罪で有罪判決を受け、刑務所に三年間収監されたあとで釈放された。だが、立ち直ることができず、二〇〇七年に四二歳の若さで死亡した。弁護側は、赤ちゃんは二人とも自然死で、おそらく乳幼児突然死症候群（ＳＩＤＳ）だと主張した。検察側の証人の一人は、ミセス・クラークの家庭で一人の赤ちゃんがＳＩＤＳで死亡する確率は八五四三分の一なので、二人の赤ちゃんが同じ原因で死亡する確率は八五四三の二乗分の一、つまり、約七三〇〇万分の一になると語った。最初の間違いは、二人の死を独立したものと考えたことだ。ＳＩＤＳの原因は完全には解明されておらず、遺伝的要因も当然除外することはできない。

サリー・クラーク事件では、検察官の誤謬（ごびゅう）と呼ばれる問題も提起した。これは、無実の説明が虚偽であるという確率が非常に高いから、被告が有罪であるはずだというものだ。ここでは多くの問題が無視されている。特に、自分の赤ちゃんを二人も殺す母親というのもきわめて珍しいという点だ。王立統計学会は最初の判決に抗議し、法廷は無実の説明が虚偽であるという確率に集中するべきではなく、二つの矛盾する説明の確率を判断すべきだったと指摘した。どちらの説明も非常に可能性の低いものだったが、片方は実際に起こったのだ。

七三〇〇万分の一という数字を受けいれるのなら、それは一家庭で二人の赤ちゃんが生後一年以内にSIDSで死亡するかどうかをあらかじめ予想する数字になる。しかし、家族は無作為に選ばれたのではなく、サリー・クラークがこの過程に巻きこまれたのは、彼女の赤ちゃんが二人亡くなったからだ。したがって必要なのは、国民から無作為に選ばれた家庭がそのような悲劇に見舞われる確率ではなく、それが起こった家庭での確率になり、母親がどちらの死にも責任があることになってしまった。事件における法医学的証拠がないので、合理的な疑いがない状態で彼女の有罪を証明するのに充分だとはとても言えない。

同様に、法医学鑑定の結果、被告が起訴されている犯罪を犯さなかった可能性は一〇〇〇万分の一の確率だという主張をときどき耳にする。これは納得のいく確率に聞こえるが、それをやったというほかの理由がある場合にかぎる。無作為に一〇〇〇万分の一という数字を選んだのなら、六五〇〇万人のイギリス人のなかに鑑定で同じ結果が出る人間が六〜七人はいることになる。もちろん、犯罪現場から逃走した人間を警察が見つけ、法医学鑑定によって犯罪を犯したことが支持されれば、それは揺るぎない主張になるだろう。だが、被害者とのつながりがはっきりしていない人物を警察が法医学によって逮捕したのなら、容疑者が否認する可能性は高く、そのような場合は、判事は陪審に対して慎重に指示を与えなければならない。

つまり、不確実性やリスクや健康に関する話にまつわる問題を幅広く見てきて最後に言えるのは、これで意味のない話にだまされないツールを手に入れたということだ。大規模な調査の信頼区間を見たときは、自分が見ている失業率や移民数の変化が実際に有意であるか、その数字を集めた方法の誤差の範囲内にあるのかを確認することだ。特定の食物が特定の病気の原因となる可能性を高めるという怖い話を読んだときにも、それを食べなかった場合にその病気になるリスクを確かめよう。そして、当局が極端なものを扱おうとしているときには、上昇したものは自然に下降するということも頭に入れておいてほしい。平均値への回帰は、可能であれば状況は平均になっていくということで、それはなんらかの介入がなくても起こる。最後に、何かが複数回起こることに対する天文学的な確率を見たときに気をつけてほしいのは、二つの事柄がつながっていれば、その確率を減らすかもしれないということだ。

第十章

経済モデル

STATISTICAL

信じるかどうかの決断

二〇一六年四月一八日、私は国家財政委員会での早朝のロックインに呼ばれた。ロックインとは、特定の時期に複雑な事柄が発表さる場合、組織があらかじめ記者たちに説明して、発表と同時に正しく報道されるようにするものだ。この月曜日、国家財政委員会はブレグジットが経済に与える損失について、長く待たれていた査定を発表しようとしていた。なんとなく居心地の悪そうな国家財政委員会の経済学者たちから二〇〇ページの分析結果から探ることのできる内容を三〇分くらいで説明された。トップに書かれている数字は、欧州連合を離脱して、貿易協定を結んだ場合、いずれ一世帯あたりのイギリスのGDPは年に四三〇〇ポンド減少するというものだった。ロックイン全体が少しごたついていたのは、財務大臣のジョージ・オズボーンが、ロックインが終わるまえに、ブリストルでイベントをはじめて、その分析を明らかにしてしまったからだ。そのため、それを見ているべきであったベテラン記者たちが、官庁の窓のない部屋に閉じこめられていることになった。

この章で取りあげたいのは、ロックインをまとめる国家財政委員会の能力についてではなく、年四三〇〇ポンドという数字をはじき出すために使われたモデルについてだ。

経済というものは非常に複雑だ。経済モデルをつくるのは、過去の経験と理論を使って、将来特定の出来事が起こった場合に経済の一部に起こることを予測する方法だ。

経済モデルの分解方法に取り組むのは、この本の領域を超えているが、経済の学位を持っていなくても、抱くことのできる疑問はたくさんある。

・その結論はモデルによって正当化されるものか？
・選択バイアスがモデルの結果に影響しているか？
・モデルに入っている仮定は理にかなったものか？

その結論はモデルによって正当化されるものか？

ようやく国家財政委員会のロックインから解放されてテレビの前に来ると、オズボーン財務大臣がブリストルにいて、「年四三〇〇ポンド——EU離脱でイギリス家庭にかかるコスト」と書かれたポスターの前に立っていた。見出しの数字としては興味深い選択だ。調査の結論としては、GDP（イギリス経済が生産するものすべての価値）は、イギリスがEUを離脱すれば、残留した場合よりも一五年で一二〇〇億ポンド低くなるということだった。これは明らかに意味がないほど大きい数字なので、国家財政委員会は扱いやすい数字に割ったのだ。離脱側のキャンペーンがやったように五二で割って、週二三億ポンドという数字を出すこともできただろう。これなら、離脱派がバスに書いた週三億五〇〇〇ポンドとの比較がしやすい。だが、国家財政委員会はそれをイギリスの世帯数で割って、年四三〇〇ポンドという数字を出した。しかし、ここに問題がある。一世帯あたりのGDPの低下は各家庭にかかるコストと同じではない。つながりはあるものの、同じものではないので、まったく同じ金額にはならない。つまり、一世帯あたり四三〇〇ポンドの下降によって世帯収入は減るが、それは四三〇〇ポンドほど大きな額ではない。

その後、国家財政委員会が使ったようなモデルは、必要とされている場合には世帯収入を算出するために使うことができると言われてきた。そして実際、家計に対する影響は一世帯あたり四三〇〇ポンドよりも大きい可能性もあった。ポンドの価値が下がれば、輸入品の価格が高くなるので、世帯の購買力に影響するが、だからといってGDPが下がるとはかぎらない。しかし、国家財政委員会がしたのはそういうことではない。

私はBBCニュースのウェブサイトに、報告のなかにあった一世帯あたりのGDPとポスターにあった世帯収入のあいだにあるずれについて説明する文章を載せた。それによって、デイヴィッド・キャメロン首相の広報責任者であったクレイグ・オリヴァーの一日を無駄にしてしまった。彼は著書のなかにそのキャンペーンについて書いている。国家財政委員会の広報担当者から電話までかかってきて、一世帯あたりのGDPと世帯収入が同じであると説得しようとした。すべての金はもとをただせば家庭から出ているからと言うのだ。だが、この場合は明らかにそうではない。GDPは現在年に約二兆ポンドだ。それをイギリスの二七〇〇万世帯で割ると、約七万四〇〇〇ポンドになる。しかし、平均世帯収入はそれよりもかなり低いので、二つが別の金額であることは明らかだ。

国家財政委員会の分析で問題なのはこのことではなく、ポスターに載せたことだ。経済モデルをもとにした広告やポスターや新聞記事を見るときにまず確認すべきなのは、最初の行が報告書で実際に述べられていることによって正当化できるかどうかだ。

主張が研究によって正当化されるものかどうかを考える際の良い出発点は、主張が強ければ強いほど、研究者と報道担当官のあいだのどこかで誇張が入っている可能性が高いということだ。強烈な主張を目にしたら、すぐにもとになった研究を見て、研究者とPR部門のあいだに齟齬（そご）がないかどうかを確認すべきだ。こういうことはしょっちゅう起こっている。研究機関の仕事を宣伝することは、もともとの研究をおこなった人々の直感とは対立するものであるかもしれないからだ。

そういう例が、二〇一七年の〈王立医学協会ジャーナル〉であった。そこで「新しい分析によって、二〇一五年の三万件の過剰死亡と医療・社会ケアの削減とのつながりが明らかに」というプレスリリースが発表された。過剰死亡とは、手を尽くしても亡くなっていたはずの人数よりも多く亡くなった人を見積もった数だ。冬の過剰死亡を調べるときには、通常の夏に亡くなったであろう人の数をベースにする。過剰死亡は寒い天候のせいかもしれないし、非常に悪性のインフルエンザの流行によるものかもしれない。ＯＮＳは冬期の過剰死亡者数を毎年出していて、二〇一四〜一五年の冬には実際にかなり多数の過剰死亡があった。ジャーナルに載せられた論文では、過剰死亡に関する複数の説明を確認した結果、そのどれもが死亡者数上昇の決定的な説明にはなっていないと結論づけている。その論文は、「何があったかについての確かな結論は得られなかった」と締めくくっているのだが、「医療・社会ケアの削減が三万件近くの過剰死亡に関係しているという可能性は、さらなる調査が必要だ」と述べている。つまり、研究者はいつもの冬より多くの人が亡くなった理由を調べ、現在考えられている理由には説得力がなく、今度さらに調査が必要な分野は、医療・社会ケアの削減だと示唆している。それがプレスリリースでは、分析によって死亡と削減が関連づけられたと翻訳され、二〇一七年二月にデイリー・ミラー紙の一面トップの大見出しにまでなってしまった。「保守党の削減が三万人の命を奪った」というものだ。論文の結論がこの見出しを正当化するものではないことは、特別な医学の資格がなくてもわかる。学術論文は確認がしやすいように構築されているので、〝要約〟や〝結論〟と書かれた部分を読めば、全部を読まなくても、その研究によって発見されたものの主旨を理解することができる。

選択バイアスがモデルの結果に影響しているか？

選択バイアスというと怖い響きだが、これは非常にシンプルな考えかたで、理解してしまえば、これを使って友だちを感心させることもできる。探しはじめたら、あらゆる場所で見ることになるだろう。

選択バイアスは経済モデルにおいては重要で、それ以外の統計分野の多くでも同じだ。個人やグループについてのデータを集めようとしていて、その方法が適切に無作為でない場合に起こる。結果をゆがませてしまうような方法で選んだ人たちをもとにした経済モデルであれば、モデルの他の部分がどれだけ適切につくられていても、その結論に価値はほとんどなくなる。

例をあげれば、特定の年金制度を使っている大量の人々に答えてもらった、年金貯蓄のルール変更への対処予定を見るように依頼されたことがあった。問題は、その制度で貯蓄をしている人たちは、平均的な国民よりはずっと年金貯蓄をしているので、ここでまず選択バイアスが起こっていたことだ。回答している人はすべて普通よりは裕福なので、彼らの回答によって国民全体については何も語ることはできない。

選択バイアスは、基本的には第一章で取りあげた、アンケート調査されたのは正しい人々かという問題と同じになる。

選択バイアスのもう一つの例は、二〇一八年に政府の大臣がラジオ4に出演したときに明らかになった。大臣が主張したのは、社会奉仕の罰を与えられた人のほうが、短期間刑務所に入った人よりも再犯の可能性が低いので、社会奉仕の罰を増やすべきだというものだった。だが、明らかにこれは公平な比較ではない。社会奉仕の罰を受ける人は、社会に出しても安全だと判断された人々なので、そもそも再犯の可能性は低いと考えられているわけだ。

もう一つの良い例は、二〇一五年の国民保健サービス（NHS）での週末の死亡についての調査で、それについては当時の保健相ジェレミー・ハントが繰りかえし言及して、週末の病院に医師を増やそうとしていた。調査では、週末に入院した人のほうが死亡する可能性が高いことがわかったが、その数字を回避できた死として扱わないようにと警告していた。そこで指摘されていたのは、週末には通常業務がおこなわれていないので、その期間に入院する人はなんらかの緊急状態だということだ。つまり、週末に入院する人は平日に入院する人よりも重い病気であることが多いので、死亡者数の格差も説明できる可能性がある。

起こっている出来事の影響に基づいた経済モデルをつくろうとしているときには、選択バイアスの影響を避けることが大切だ。たとえば、貿易協定が経済にとって良いものかどうかを調べようとしていることにしよう。結論を出すためにどの貿易協定を選ぶか。二〇年かけて研究するのであれば、ブレグジット後のイギリスが結んだ協定を見ることもできるが、そこで起こる選択バイアスは、最初に結ばれる協定は無作為ではないということだ。最初の協定は、イギリスがもっとも多く貿易をおこなっている国々と結ぶはずだからだ。それとは別に、最初の協定は結ぶのがいちばん簡単であるとか、イギリスが欧州連合の一員である現在の取り決めを維持するものになる可能性がある。どちらの場合も、〝標準的な〟協定を見極めるのは非常に難しい。そして、その影響は、国との距離や、その国の裕福度といった多くの要素によって変わってくる。こういうことすべてによって、モデルをつくるのが非常に難しくなる。

移民が職や賃金に与える影響について調べていると想像してほしい。移民が多く入ってきた地域を調べて、そこでの職や賃金がどうなっているかを調べるという方法がある。だが、人は住む場所を無作為には選ばない。仕事が多く、ある程度の賃金がもらえる場所に行く傾向があるので、そこには自動的に選択バイアスが起こる。

第七章で無作為対照試験について取りあげたが、ここでもその要素がある。職と賃金における移民の影響を調べたかったら、無作為に選んだ人々のグループを仕事の多い地域に行かせ、別のグループを仕事が少ない場所に行かせ、どうなるかを見なければならない。そのような調査にすすんで協力してくれる人は少ないだろう。なにしろ、仕事が少ない場所で就職先を見つけなければならないかもしれないのだから。

代替案として、自然実験と呼ばれる方法がある。たとえば良い仕事があるという理由ではなく、政変や紛争によって大勢の人がある国に入ってきたときに何が起こるかを見るような場合だ。ベルリンの壁の崩壊によって東から西に移動してきたドイツ人たちがこの例で、一九六〇年代に起こったアルジェリアからのフランス人追放運動もそうだ。しかし、このような自然実験にも別の問題がある。移民が増えている場所に企業が移転して、労働者を利用しようとすることなどだ。

第七章で取りあげた相関関係と因果関係の問題のように、経済モデルを考えるときに自問しなければならない別の問題は、ここでほかに何が起こっているかだ。たとえば、長いあいだ母乳で育った赤ちゃんのほうが教育や健康面で良い結果が出るかどうかを調べている場合に忘れないでほしいのは、少なくとも先進国では、高収入の母親のほうが長期間母乳保育をする傾向があるので、子供たちはすでに有利なスタートを切っているということだ。

アンケート調査のサンプルを選んでいるときには、選択バイアスがよく起こるが、ほとんどどんな質問に対する回答にも見られる。二〇一八年には一般データ保護規則（GDPR）〔訳注：EUにおける個人情報の扱いを定めた規則〕についてのEメールをたくさん受けとったかもしれない。コンタクトを取ったことも忘れていた組織から、彼らのデータベースにあなたを保存してもいいかと尋ねるメールだ。私と同じような人であれば、特に興味がある一つか二つにはすぐに返事をして、あとは無視したはずだ。

組織でGDPR方針を担当している人であれば、メールを送ったあとで初日に受けとった回答を見て、回答してくれたのは五パーセントで、そのうちの四分の三の人がコンタクトを続けたいと返答していることがわかったかもしれない。それは完全に理にかなった統計だ。それをほかのことに利用しようとしないかぎりは。

連絡を取った人の四分の三が今後も連絡してほしいと思っていると結論できるだろうか。もちろんできない。初日に返事をくれた人たちは、典型的とは言えないほどあなたの組織に興味を持っている人たちだ。初日以降は誰からも返事が来ない可能性もある。組織のGDPRコンプライアンス作成に関わっている友人の話では、そういうことも珍しくないらしい。

『統計でウソをつく法』のなかでダレル・ハフは、何千人もの人にアンケートを送って、質問に答えることを楽しんだかと訊いたらどうなるかという、選択バイアスの例をあげている。楽しまなかったと答えてわざわざ返事を送ってくれる人がどれだけいるだろう。

モデルを見ているときには、どのような選択バイアスの影響が出ている可能性があるかを考えなければならない。測定するのが難しいものをモデルにしようとしている影響か。特に、決定権のある人が含まれているかどうかだ。**決定権のある人はほぼ間違いなく選択バイアスを生む。**その質問が、仕事のために別の国に行くかどうか、子供に母乳を飲ませ続けるかどうか、メールにわざわざ返事をするかどうか、というものであっても。

モデルに入っている仮定は理にかなったものか？

BBCの事実検証チームである〈リアリティ・チェック〉には、**未来の事実検証はできないという言い伝えがある。**人は常日頃から物事を予測しているが、当たっていることもあれば、間違っていることもある。研究者が予測をするときのように段階を踏んでいくやりかたとはまったく違った方法で、偶然当たる場合もある。現在の時点では予測が正しいかどうかがわからないだけではなく、今後も確かなことはけっして言えないだろう。

将来とんでもないことが起こると警告している人は、その警告の結果、とんでもないことを防ぐ方策がとられたのだと主張するかもしれない。

STATISTICAL

第十章：経済モデル

国家財政委員会の年四三〇〇ポンドは統計ではなく、経済モデルをもとにした予測だ。経済モデルが基本的に合理的であるかどうかを判断する方法はいくつかあるが、そのまえに、そもそも経済モデルに影響を受けたいかどうかを考える必要がある。予測のために経済モデルを使っている組織は、自分たちの結論や、出費のプランを発表するためにそうしなければならない。もっとも好ましい見積もりが見つかれば、それにしたがって結論を下す。政府だけが経済モデルを使っているわけではない。たとえば、食料価格が倍になることをもとにしたチャリティ支援を促す広告を見たら、それは経済モデルを基本にしている。

それに影響を受けるのであれば、意外と厄介であるとまず言っておく。

ＥＵ離脱国民投票のキャンペーン中に離脱の影響を立証するために使われたモデルがとりわけ厄介なのは、まだわかっていないことが多すぎるからだ。離脱後にイギリスがどのような貿易協定を結べるのかも、その交渉にどれだけの時間がかかるのかも、ＥＵ予算に対するイギリスの貢献のうちどれだけが節約できるのか、節約した金額を何に使うのか、イギリス政府が考案したＥＵ法規に変わる法規がＥＵのものよりも良いものなのか、それらすべてが経済に与える影響はどのようなものなのか、何もわかっていなかった。ブレグジットがイギリス経済にとって満足のいく効果を与えるのか、逆なのかもわかっていなかった。

しかし、それをとりわけ難しくしたのは、過去の特定の出来事が経済にもたらしたことをもとにしてモデルがつくられることだ。自由貿易圏に入れば貿易と経済の成長がもたされることはわかっているが、自由貿易圏を離脱したらどうなるかは、そのようなことがほとんど起こらないのでわからない。そのモデルをつくろうとしている経済学者たちは、歴史上の大帝国の崩壊にまでさかのぼって、その影響を予測しようとした。結局、国民投票の前後につくられたモデルのほとんどは、自由貿易圏への加入が貿易と成長のために良いものならば、離脱すればその反対になるという考えに基づいてつくられた。

国家財政委員会が使ったのは重力モデルと呼ばれるもので、国家間の貿易を考慮し、国家間の距離、同じ言語を使っているかどうか、国の裕福度などの要素をもとにして、どうなるかのモデルをつくる方法だ。そして、時間をかけて、これらの要素が変化したらどうなるかを確認する。しかし、モデルをつくる際にはさまざまな仮定からはじめなければならない。通貨が弱体化したらどうなるか、一つの国と貿易協定を結んだら、協定を結んでいない国との貿易額はどのくらい減るのか、などという仮定だ。そしてこのようなモデルは、もとになっている仮定と、判断をすることになるシナリオに大きく影響される。

一世帯あたり四三〇〇ポンドという数字は、国家財政委員会の長期にわたる分析から出されたものだが、この委員会では短期分析もおこなっている。そこでは、離脱への投票によって、即座に大きな経済的ショックが起こり、景気後退に陥り、失業率が急上昇すると示唆している。そんなことにはならなかったのは、はっきりしている。

予測が間違っていた理由はいくつかあるが、第一に、デイヴィッド・キャメロンが国民投票直後に、すぐにブリュッセルに行って、リスボン条約五〇条のＥＵ離脱のプロセスを開始すると発言していたのだが、結局、二〇一七年三月末までおこなわれず、それは国民投票から一年近くたっていたからだ。

第二の問題は、ＥＵ離脱投票によって消費者がショックを受け、買い物を控えるという仮定だったが、離脱に投票した人々はそもそもそれが悪いことだとは思っていないという考えが抜けていたことだ。

第三に、政府とイングランド銀行が経済を維持する行動を何も起こさないと仮定していたことで、実際にはイングランド銀行は金利を引き下げて経済に資金を投入した。このような仮定を受けいれられるだろうか。首相がリスボン条約五〇条をすぐに開始すると信じたのはもっともなことだ。当時のコメンテーターの多くは、当局は経済維持の行動はとらないという仮定に注目していた。消費者が買い控えをするという仮定にある欠陥を指摘した人は誰もいなかった。

ポンドが急落するという国家財政委員会の予測は当たっていたが、即座に起こることとして予測していたその他の多くは間違っていた。これによって私は、そもそも国家財政委員会がそのような予測をするべきだったのだろうかと考えはじめた。行政府で働く統計学者に、公的機関がこのような予測をすることで、公式統計のような、ほかの発表への信頼を失うことを心配していないかと訊いたら、予測は経済学者が出していて、統計は統計学者が出しているという答えが返ってきた。国民がそんなふうに区別しているとは思えない。予算責任局を設立して政府のために公式予測をし、経済予測から政治を遠ざけるというのはすばらしい考えだ。政府がこれを利用して、予測にはまったく関わらないというのも良い考えかもしれない。イギリスの統計監視官は自分たちの行動規範を拡大して、実際には統計ではない経済モデルのようなものも含もうとしている。予測や、その他の数字による発表で政府機関の評判を落とすことを避けるためだ。

統計学者の仕事と経済学者の仕事を区別することは非常に大切だが、明確に区別できないものでもある。公式統計に関わっている経済学者もいるし、モデルや予測に手を貸している統計学者もいるからだ。そうであったとしても、報道機関のほとんどすべてが経済専門の記者を雇っているのに、統計専門の編集者がいる機関が二つしかないというのは不思議だ。

その一つがフィナンシャル・タイムズ紙だ。私がそこの統計部門のトップに会ったのは、ＢＢＣがためしに統計に予算をかけてみようとはじめて決めたときだった。私は彼の肩書を使わせてもらったが、まずはその許可を得た。ＢＢＣには現在、常在の統計部門のトップがいて、それに加えて経済専門の編集者と記者もいる。数字の報道においては大きな変化が起こせたと私は考えている。

経済モデルで語られていることは無視すべきなのだろうか。二〇世紀最大の統計学者の一人であるジョージ・ボックスは「すべてのモデルは間違っているが、なかには役に立つものもある」と言っている。正確な数字にほとんど価値はないかもしれないが、年に四三〇〇ポンドという数字であれ、国家財政委員会がそのまえに宣言した、スコットランドのすべての国民は、英国にとどまっていたほうが年一四〇〇ポンド得をするというような話であっても、モデルが予測する方向や仮定には非常に興味深いものもある。

事実検証のウェブサイト〈フル・ファクト〉にいる友人たちがたとえ話をしてくれた。太るからジャンクフードを食べるのをやめるように医者から言われたら、おそらくその話を聞くだろう。一年後に何キロ太っているという数字がはっきり告げられなかったとしても。仮定を受けいれれば、話の進む方向を受けいれる可能性は高い。

アンケート調査のときと同じく、経済モデルを見るときに最初にすべきことは、その調査を実施したのは誰で、それに金を払っているのは誰かを確かめることだ。それによって正当化されるキャンペーンをしているグループが発注している場合は、その結論を少し疑うべきだが、独立したグループであっても、かたよったグループと同じように間違う場合があることは覚えておいてほしい。

次は、モデルのもとになっている仮定を見てほしい。この分野の報告書は仮定とモデルの働きがわかるようになっているべきなので、そうでなければ信じるべきではない。わかるようになっていれば、それを見て、楽天的すぎないか、あるいは悲観的すぎないかを考える。さらに、報告書のなかで不確実性のレベルについて述べていることを見る。国家財政委員会の報告書は自分たちのモデルの不確実性についてうまく強調している。

将来に物事がどうなるかがはっきりわかると主張している人は、嘘をついている。そして、自分が経済モデルを使って決断しなければならない立場ではないのなら、全部無視してもいいのだということを思いだしてほしい。

ここに妥協点がある。経済モデルの結論として残った数字を見て、特別役に立つわけではなくても、そこで使われている仮定が第一原理に戻る手助けをしてくれるかもしれない。

国家財政委員会のモデルにとっての第一原理は、自国が得意とすることに専念でき、自国で生産するより良いものをほかの国から輸入できるので、貿易は良いことだと信じていることだ。そうであれば、EUに加入していることで、イギリスの近隣国や世界でももっとも裕福な経済との貿易を楽にすると主張できる。数字を出さずに第一原理に戻ることがうまくいくのだろうかと、私は考えた。キャンペーンの両側の上層部で働いている人たちは、メディアから主張だけでなく数字を出すようにという強いプレッシャーをかけられていると言っていたので、おそらくうまくはいかないのだろう。

そのプレッシャーが存在するかぎり、モデルから出された数字に疑問を抱くために何ができるかをわかっていることは大切だ。主張が研究によって正当化されるかを確認し、設定されている仮定を見てみよう。

そして、数字が自分にとって役に立つものかどうかを見て、起こっていることを理解するためには第一原理に戻ったほうがいいかどうかを確認しよう。さらに、モデルをつくる過程で出された質問に選択バイアスが入っていないかを考える。誰かが結論を導こうとしているのなら、おそらく選択バイアスは入っているので、経済学者がそれを許した理由を調べなければならない。

そして、その他のすべてがうまくいかなければ、そのモデルのことは無視してしまえるし、それでも人生を進んでいくことはできる。

結論：それでもその数字が本当に必要だった

ときどき同僚から、私のアドバイスに従っていたら、報道することが何もなくなると言われる。私のなかにはこんなふうに感じている部分もある。報道可能なものがすべて、あなたが読んできた全一〇章の内容によって除外されてしまったら、ニュースをキャンセルして、昔の漫画の傑作集を載せてもかまわない。一九三〇年四月一八日、午後八時四五分のＢＢＣニュースのなかで、アナウンサーが「ニュースはありません」と宣言し、残りの一五分間ピアノ演奏が流れたことがあった。いまの時代にそんなことがあるなんて想像できない。

だがもちろん、統計的頑健性に責任を持つということは、すべてのニュースを捨て去ることではなく、それらを正しく報道することなので、プレスリリースが述べていることを繰りかえすだけではなく、もとになった研究に立ち戻れば、違った話が見えてきて、ライバルが報道しているものとは違う、そして基本的にはもっと良い話を手に入れることができる。

これは、ニュースだけでなく、数字を扱うことすべてに言えることだ。ほとんどの統計学者が憎んでいるマーク・トウェインの言葉がある。それはベンジャミン・ディズレーリがおそらく間違って引用したもので、嘘には三つの種類があるというものだ。嘘と、真っ赤な嘘と、統計だ。理由の一部は、統計がどれだけ嘘をつけるかということが想像しにくいからだ。統計は正確ではないかもしれないが、嘘をつくためには言葉が必要だ。大切なのは数字ではない場合が多い。本当に重要なのは数字のまわりにある言葉だ。

これが特に当てはまるのは、入手可能な最善の統計を使う必要があるときで、それが自分が望むほど良いものでない場合でも当てはまる。BBCの番組〈ヴィクトリア・ダービーシャー〉が、男性セックス労働者の体験についての調査を手伝ってほしいと言ってきた。調査員たちは約一二〇人の男性セックス労働者から回答を得ていたが、アンケート調査が難しい人たちなので、その人数でも過去最大の回答を得られたと考えていた。アンケート調査に関する第一章で、一二〇人というのは、すべての男性セックス労働者についての一般論をつくるには充分な数ではないことがわかっているだろうが、言葉を注意深く選べば、使用可能な研究になる。

私は入手可能な最善の研究を使うことを強く支持するが、それは自分たちがしていることを相手に伝える場合にかぎる。数字の出どころと、その数字がカバーするものを、ばかげた気持ちにならずに堂々と説明できるのであれば、おそらく問題はないという経験則を覚えておいてほしい。今回は、一二〇人のセックス労働者のアンケート調査によって、彼らに対する、報告されていない犯罪がかなりあることがわかり、調査するのが難しいグループであることを読んでいる人にわかってほしいと思っていた。

同様に、あなたはもう原価計算が精密科学ではなく、最善の見積もりのほうが役に立つ分野もあることがわかっている。あなたが大きなインフラ計画にゴーサインを出そうとしている政治家や、職場で投資の決定をする立場であれば、決断の助けになるなんらかの数字が必要になってくるだろう。根拠に基づく政策決定は良いことだ。だが、出された原価計算が大幅に間違っているとわかった場合は、そのプロジェクトが非常に悪いアイデアなのかどうかを考えてほしい。提出される原価と利益の見積もりには、道理にかなった誤差の範囲を与えてほしい。

同じような状況では、決断のための経済モデルが示されることも多いだろう。モデルの中身をよく見て、何をもとに見積もりがされているのかを確認しよう。全体的な結論には疑いを持ったとしても、そこには根拠に基づく政策決定に役立つものがあるかもしれない。特定のモデルに基づいたアドバイスに従って、それが間違っていたとわかった場合のリスクも考慮しよう。

自分の決断を発表することになった場合は、つねに言葉に注意して、自分が使っている数字の不確実性を理解してもらおう。政府の統計のなかに、すべてを数えて出したものはほとんどなく、サンプルに基づいたものだということを頭に入れ、それを自分の言葉に反映させる。数字の何が間違っているのかを理解してはじめて、入手可能な最善の数字を正しく使用できる立場になる。数年前、ＢＢＣのペルシャ語サービスの同僚から、信じられない数字ばかりが入っているものをもとにしたイランの国家予算についてどのように報道すればいいか、アドバイスを求められた。それに対する答えは、疑わしい数字は見出しに入れたり、記事の上のほうには持ってこないというものだった。もっとも大事なのは、**自信のない数字はけっして表に載せてはいけない**ことだ。読者というのは、表になっているものはなんでも信じこんでしまう傾向がある。記事のなかに数字は少し疑わしいとどれだけ書いてあってもだ。これは私の経験でもあるし、アメリカのコーネル大学でも研究されていて、人はグラフになっているもののほうが信じやすいということがわかっている。

警戒すべき言葉とフレーズに注意して、関連している物事同士に実際に因果関係があるのかを確認し、平均とパーセンテージでだまされる可能性のある方法に注意しよう。

根本的には、このような問題の多くに対する答えはないのだが、気がついていれば、ゲームを有利に進めることができる。統計の欠点を理解すれば、入手可能な最善のデータが使える言葉を見つけられたり、誰かがそれに失敗したときに気がつくことができる。

この本を読んで、一つ身についたものがあったとすれば、それが**数字に疑問を抱く自信**であってほしい。そして、それ以外のどんな根拠に対しても同じように疑問を抱くようになってほしい。それができれば、**数字や主張やニュース記事が、真実であるには理にかなっているかどうかを本当に判断できるようになった**ということだ。

謝辞

いまは亡き父、ブライアン・ルーベン教授からは非常に多くの恩恵を受け、物事が真実であるには理にかなっているかという疑問を持つことを教えてもらった。原価計算がなぜ偽りであるかについての共著を出す計画を立てていたのだが、そのまえに父が亡くなってしまった。母にも借りがある。多くのことを教えてくれたし、この本を書いたのは母の家だ。妻のスーザンは、この本を書いているあいだずっと、愛と支えと忠告を与えてくれた。実際に本を読んで、有益なコメントをくれたことは言うまでもない。子供たちのアイザックとエミリーとボアズは、質問に答えるときにはいつも集中していなくてはいけないことを教えてくれた。

エージェントであるＬＡＷのベン・クラークは、最初の段階からこのプロジェクトに非常な熱意を見せてくれ、すばらしいスキルと理解によって執筆中の私をおだててくれた。コンスタブルの編集者クレア・チェッサーは、会ってすぐにいっしょに仕事をしたいと思ったすばらしい人だ。ハワード・ワトソンはこの本の校閲を担当してくれ、私が形容詞を使いすぎることをはじめて指摘してくれた。うれしかった。

私がBBCで統計的頑健性を推進して、少なくとも一〇年がたつが、そのあいだに多くのすばらしい人々に協力してもらった。とりわけ、ジョナサン・ベイカーは、私が統計部門の最初のトップを務めた一八ヵ月のあいだ、なんとか私に給与を支払ってくれた。その仕事は現在ロバート・カフが引き受けていて、統計の資格を持ち、驚くべきスピードでジャーナリストへの道を進んでいる。

〈リアリティ・チェック〉というブランドを立ちあげるのはとても楽しいことで、ジョナサン・パターソン、アレクシス・コンドン、タマラ・コヴァチェヴィック、レイチェル・シュラー、ピーター・バーンズ、トム・エジントン、ジュリエット・ドワイヤー、リズ・コービン、ルパート・ケアリー、クリス・モリス、そして、怖いくらい知識豊かな調査員たちがいなければ、実現できなかっただろう。国家統計局（ONS）の友人たち、特に、私をイギリスでいちばん甘やかされた記者にしてくれた報道担当のメンバーに感謝する。そして現在は引退しているONSの元事務局長グレン・ワトソンは、統計部門のトップについたばかりの私の大きな支えになってくれ、最初はジェイミー・ジェンキンズを、その後はステフ・ハワースを、私のアシスタントとして貸してくれた。王立統計学会のすべての人にも感謝する。最初から最後までとても支えになってくれた。

数字をでっちあげることのジョークを教えてくれたマーク・ウェバー、ノッティンガムの犯罪統計の報道に目を向けさせてくれたリチャード・ポスナー、二つ入りの卵黄を全部見つけてくれたジェン・クラーク、私が使える例を教えてくれたダニエル・ヴァルカン、サラ・ラウザー、ニック・ブレインにも感謝する。

この本の草稿段階ですべて、あるいは一部をこころよく読んでくれ、役に立つ提案をしてくれた人もいる。最初に読んでくれたのは、兄弟のデイヴィッドで、彼は私が知るなかでもっとも数字にうるさい人間だ。そしてアディ・ブルームは、もっとも文法にうるさい人間だ。コリーヌとベンのシェリフ夫妻、デイヴィッド・カウリング、デイヴィッド・サンプター、ロバート・カフ、マルコム・バーレンも、経験を生かした有益な提案をしてくれた。

誤りがあれば当然すべて私の責任だ。観察眼の鋭い読者が見つけてくれることを楽しみにしている。

著者紹介

アンソニー・ルーベン　Anthony Reuben

英BBC初の統計部長を務め、現在は彼自身が確立した事実確認の手法で企業のファクトチェックを行う。

23年のジャーナリズムの経験があり、BBCニュースウェブサイトでは、過去12年間に数百万人の読者を得てきた。

ジャーナリズムの卓越性について、王立統計学会の賞を2度にわたり受賞し、英国のジャーナリズム賞の最終候補にも2度残っている。

訳者紹介

田畑あや子（たばた・あやこ）

翻訳家。訳書にジェイムズ・デラーギー『55』（早川書房）、ラディカ・サンガーニ『ヴァージン』（辰巳出版）、ジョン・アーデン『ブレイン・バイブル』（アルファポリス）、ミーガン・ハイン『サバイバルマインド』（エイアンドエフ）、共訳書にマイケル・クロンドル『スパイス三都物語』（原書房）、ネイサン・マイアーボールド、マキシム・ビレット『モダニスト・キュイジーヌ アットホーム』（KADOKAWA）など。著書に『中学英単語でいきなり英会話』『会話で使える英単語をどんどん増やす』（どちらも永岡書店）がある。

統計的な? 数字に騙されないための10の視点 STATISTICAL

2019年12月21日　　第1刷発行

著　　者　アンソニー・ルーベン
翻　　訳　田畑あや子
発 行 者　八谷智範
発 行 所　株式会社すばる舎リンケージ
〒170-0013
東京都豊島区東池袋3-9-7　東池袋織本ビル1階
TEL 03-6907-7827　　FAX 03-6907-7877
http://www.subarusya-linkage.jp/

発 売 元　株式会社すばる舎
〒170-0013　東京都豊島区東池袋3-9-7
東池袋織本ビル
TEL 03-3981-8651(代表)03-3981-0767(営業部直通)
振替 00140-7-116563
http://www.subarusya.jp/

印　　刷　ベクトル印刷株式会社

落丁・乱丁本はお取り替えいたします。

ISBN978-4-7991-0870-3